LES

INSTRUMENTS DE PRÉCISION

EN FRANCE

Conférence faite, au Conservatoire des Arts et Métiers
le 15 mars 1903

PAR

MAURICE D'OCAGNE

Ingénieur des Ponts et Chaussées
Chef du service des Cartes, Plans et Instruments de précision
des Travaux publics.

NOUVEAU TIRAGE ILLUSTRÉ

PARIS

GAUTHIER-VILLARS, IMPRIMEUR-LIBRAIRE
DU BUREAU DES LONGITUDES, DE L'ÉCOLE POLYTECHNIQUE
55, Quai des Grands Augustins, 55

1904

Extrait de la *Revue des Questions scientifiques*

LES
INSTRUMENTS DE PRÉCISION
EN FRANCE

Conférence faite, au Conservatoire des Arts et Métiers
le 15 mars 1903

PAR

MAURICE D'OCAGNE

Ingénieur des Ponts et Chaussées
Chef du service des Cartes, Plans et Instruments de précision
des Travaux publics.

NOUVEAU TIRAGE ILLUSTRÉ

PARIS

GAUTHIER-VILLARS, IMPRIMEUR-LIBRAIRE

DU BUREAU DES LONGITUDES, DE L'ÉCOLE POLYTECHNIQUE

55, Quai des Grands Augustins, 55

1904

Imprimerie POLLEUNIS & CEUTERICK, 52, rue des Orphelins, Louvain
Même maison à Bruxelles, 37, rue des Ursulines

LES

INSTRUMENTS DE PRÉCISION

EN FRANCE (1)

Le but de cette conférence est de faire embrasser d'un coup d'œil d'ensemble, lorsqu'on se place au point de vue de la construction française, le champ des instruments de précision, auxiliaires indispensables de la recherche scientifique.

« Écrire, parler, méditer, agir, a dit Bacon, quand on n'est pas bien pourvu de faits qui jalonnent la pensée, c'est naviguer sans pilote le long d'une côte hérissée de dangers ; c'est s'élancer dans l'immensité de l'Océan sans boussole et sans gouvernail. »

Ces « faits qui jalonnent la pensée », c'est aux instruments de précision que le savant les demande. Les théories les plus séduisantes qu'enfantera son cerveau ne seront que de simples jeux de l'esprit si elles ne sont pas constamment soumises au contrôle de tels faits. C'est dire d'un mot le rôle primordial que jouent les instruments de précision dans l'avancement de nos connaissances, et cela seul suffirait à fixer sur eux notre attention si nous ne savions, par ailleurs, les services éminents qu'ils rendent chaque jour dans l'ordre des applications techniques.

<hr>

(1) Conférence faite au Conservatoire des Arts et Métiers de Paris, le 15 mars 1905.

Que devons-nous tout d'abord entendre ici par ce mot *instruments de précision?* A quelles frontières, en d'autres termes, bornerons-nous le domaine auquel va s'appliquer notre rapide exploration ?

Afin de nous maintenir autant que possible dans l'ordre des faits scientifiques, nous conviendrons, si vous le voulez bien, de ne considérer que les seuls instruments ayant pour but de *mesurer*, *d'observer* ou de *calculer*. Mais si la considération de leur objet suffit à délimiter les catégories dans lesquelles nous aurons à les puiser, elle ne saurait à elle seule nous permettre de fixer entièrement leur caractère. Pour peu qu'on y réfléchisse on se convaincra que ce caractère tient, avant tout, au soin, à l'exactitude, à la rigueur apportés à la construction de ces instruments, de façon à les rendre aussi voisins que possible du type idéal qu'ils sont destinés à réaliser matériellement. C'est, en un mot, dans leur construction même que s'introduit la précision attachée ensuite aux résultats qu'ils servent à obtenir.

Notre examen se bornera donc, par définition, aux *instruments construits avec précision en vue de mesures, d'observations ou de calculs.*

Mais si vaste est le champ ainsi défini, qu'il peut paraître étrangement téméraire de tenter, en une rapide causerie, d'en donner une description même grossièrement approchée. Telle est pourtant la tâche qu'avec trop peu de réflexion, sans doute, je me suis laissé aller à accepter. C'est au moment de prendre la parole que j'en ressens vraiment tout le poids, et je ne puis, maintenant qu'il est trop tard pour reculer, que m'excuser d'avance des lacunes inévitables que va présenter mon exposé et, sans doute aussi, du défaut de proportions de ses diverses parties. Mais cet exposé ne saurait, dans ma pensée, être autre chose qu'une sorte de sommaire dont les divisions successives seraient de nature à faire l'objet de conférences distinctes, confiées à des spécialistes et que je souhaiterais vivement d'entendre quelque jour dans cette enceinte.

Enfin, je tiens encore à présenter l'observation d'ordre général que voici : les merveilles réalisées dans le domaine que nous allons parcourir ensemble ont toutes pris naissance dans une étroite collaboration du savant qui conçoit et de l'artiste qui réalise. Pour être de nature différente, la part d'invention de chacun d'eux n'en a pas moins droit à toute notre estime. Mais il est beaucoup plus difficile de faire une équitable attribution du mérite qui s'attache aux mille détails intervenant dans l'exécution des instruments que de discerner les auteurs des idées théoriques qui leur ont servi de point de départ.

Je m'efforcerai donc de ne prononcer que des noms d'inventeurs, ne me départissant de cette règle qu'en faveur de quelques constructeurs morts aujourd'hui à qui nous devons l'hommage d'un souvenir reconnaissant. Et je tiens à ce qu'on sache bien, s'il m'arrivait de commettre quelque oubli regrettable, qu'il ne saurait, en aucune manière, être imputable à ma volonté.

INSTRUMENTS DE MESURE

Métrologie

La mesure primordiale, celle d'où dérivent toutes les autres — ne fût-ce que par la précision qu'elle permet justement d'introduire dans les instruments destinés à les donner — c'est celle de la longueur. Elle exige tout d'abord l'exacte connaissance de l'unité propre à la définir, le mètre, et de ses subdivisions.

Étalons de longueur. — Le mètre légal étant, par convention, la longueur à o° de l'étalon prototype international, le premier problème qui se pose est celui qui consiste à reproduire cet étalon avec toute la précision que comportent les méthodes modernes.

Cette précision peut d'ailleurs se traduire par des chiffres. De l'ordre du 0,1 de millimètre environ au début du xviiie siècle, elle atteignait celui du 0,01 de millimètre au début du xixe. Aujourd'hui elle a dépassé l'ordre du 0,001 de millimètre ou *micron* (μ), pouvant aller jusqu'à $0^\mu,2$ ou $0^\mu,3$.

La construction des *étalons du premier ordre* a provoqué des recherches du plus haut intérêt, entamées au Conservatoire même sous le patronage de la Commission du mètre et auxquelles restent attachés d'illustres noms.

Ce sont les travaux d'Henri Sainte-Claire-Deville qui ont fixé le choix de la matière (le platine allié à 0,1 d'iridium), ceux de Tresca ayant fait reconnaître la forme la plus avantageuse à donner à la règle. Cette forme, combinée de façon à rendre apparent le plan de la fibre neutre, a permis de tracer dans ce plan même les traits terminaux de la longueur du mètre, gravés sur poli spéculaire et encadrés entre d'autres traits faisant connaître la tare millimétrique.

Les vues de Sainte-Claire-Deville sur l'inaltérabilité du platine iridié se sont trouvées pleinement confirmées par l'expérience acquise avec le temps, attendu qu'en vingt-cinq ans les étalons, soumis à de nouvelles vérifications, n'ont pas accusé la moindre variation appréciable.

Mais le prix élevé de ces règles (qui atteindrait aujourd'hui 18 000 francs environ, après avoir été de 11 000 francs à l'origine) a rendu nécessaire la construction d'*étalons du second ordre*, fabriqués au moyen d'une matière dure, résistante, peu sensible aux agents atmosphériques, peu dilatable et douée d'un coefficient d'élasticité élevé. Les aciers au nickel, dont nous reparlerons tout à l'heure, ont fourni la solution désirée. Ajoutons qu'à l'encontre des étalons du premier ordre, ces étalons du deuxième ordre sont munis d'une division millimétrique dans toute leur longueur.

L'établissement ou la vérification de ces étalons comporte d'une part la comparaison, dans des conditions phy-

Fig. 1. — Comparateur universel du Bureau international des Poids et Mesures.

siques identiques, de leurs longueurs, de l'autre l'étude
des divisions qui y sont tracées à la machine et de leurs
multiples, et enfin la mesure de leur dilatation.

Cette triple opération s'effectue au *Bureau international
des Poids et Mesures* établi au Pavillon de Breteuil et
qu'avec une si haute distinction dirige M. René Benoit.

J'aurai, d'ailleurs, au cours de cette conférence, d'autres
occasions de citer cette remarquable institution qui, en
raison de son but même, se trouve dominer tout le domaine
de la haute précision.

Comparateurs. Machine à diviser. — Les instruments,
d'une délicatesse extrême, qu'on emploie à la vérification
des étalons à traits, sont les *comparateurs* à microscopes
(fig. 1), construits, si l'on peut ainsi parler, avec de véritables raffinements de précision, et employés d'après des
méthodes propres à éliminer les erreurs en quelque sorte
insaisissables que la construction de l'appareil aurait
laissées subsister.

Quant à la division des règles, elle s'obtient au moyen
de la *machine à diviser*, fondée sur l'organe mécanique le
plus délicat : la *vis micrométrique*, qui permet de faire
correspondre à des déplacements angulaires d'amplitude
sensible des déplacements longitudinaux dont la petitesse
nous échapperait.

Si parfaite relativement que nous paraisse la construction d'une telle vis, elle accuse, en général, lorsqu'on
étudie, par comparaison entre elles, ses diverses parties,
des irrégularités qui auraient pu faire renoncer à son
emploi, si par l'invention de la *correction latérale* Froment
n'était parvenu à rendre les effets de ces irrégularités infé-
rieurs à toute limite appréciable.

Si les étalons à traits ont été préférés pour les prototypes internationaux (parce que les comparaisons optiques
auxquelles ils donnent lieu ne sauraient y apporter la
moindre altération, en si grand nombre qu'on les suppose
répétées), les *étalons à bouts* sont les seuls vraiment pra-

tiques si l'on se place au point de vue des besoins de la mécanique de précision.

Les broches servant de jauges ou de calibres étalons sont encore vérifiées à Breteuil, mais cette fois, bien entendu, au moyen de *comparateurs à contacts*. Un comparateur automatique, imaginé par le commandant Hartmann, permet, grâce à d'ingénieuses dispositions mécaniques étudiées par le capitaine Mengin, d'obtenir la différence de longueur des broches soumises à la comparaison en divisant par 2000 l'écartement (de l'ordre millimétrique) entre deux lignes horizontales de points marqués par une pointe fine sur un cylindre enregistreur.

Témoin invariable du mètre. — Quelles que soient les précautions prises en vue d'assurer la pérennité des étalons métriques, on conçoit l'intérêt primordial qu'offrait la découverte, dans la nature même, d'un témoin invariable de leur longueur pouvant être produit à volonté dans des conditions identiques.

Ce témoin, le physicien américain Michelson l'a trouvé dans les longueurs d'onde des vibrations lumineuses qui se révèlent par les phénomènes interférentiels dont la découverte a immortalisé le nom de Fresnel.

Depuis longtemps, Fizeau avait dit que la longueur d'onde, avec ses dimensions multiples, sa petitesse, sa constance et les phénomènes si nets que fournissent les interférences, constitue l'étalon de mesure par excellence. Et il avait lui-même appliqué cette idée dans son admirable dilatomètre, type devenu classique des instruments de mesure de cette nature.

C'est encore au Bureau international de Breteuil que l'élégante solution imaginée par le savant américain a pu être réalisée expérimentalement avec le concours du personnel scientifique de ce Bureau, dont la compétence exceptionnelle en matière de mesures de haute précision a été d'une aide particulièrement efficace pour l'inventeur.

La longueur d'onde de la raie rouge du spectre du

cadmium (qui constitue la radiation la plus monochromatique connue) a fourni l'unité désirée. A l'aide de cette unité la longueur du mètre est exprimée par le nombre : 553 163, approché au millionième près.

D'autres méthodes interférentielles, comme celle qui est fondée sur l'observation des franges produites par les miroirs demi-argentés, si bien étudiées par MM. Pérot et Fabry, pourront servir de contrôle à cette première détermination.

Quoi qu'il en soit, grâce à la belle expérience de M. Michelson, la métrologie a trouvé, dans la nature même, un fondement immuable qui lui permet de défier toutes les atteintes du temps.

Mesure des longueurs

Des étalons qui viennent d'être définis dérivent les instruments servant à la mesure des longueurs. C'est, avant tout, dans les opérations géodésiques qu'une telle mesure doit être effectuée avec précision.

Règles géodésiques. — Une base de quelques kilomètres servant, en effet, au calcul d'arcs de méridiens de grande étendue, on conçoit qu'il soit nécessaire de déterminer de telles bases avec toute l'exactitude possible. On arrive aujourd'hui à les obtenir avec une approximation qui atteint presque le millimètre par kilomètre.

La méthode de fractionnement de la base par des repères à trait, dont on mesure les écartements au moyen d'une règle unique, a été proposée pour la première fois au début du XIXᵉ siècle par l'ingénieur français d'Aubuisson qui s'en est servi pour mesurer dans la plaine de Turin une base destinée à la détermination de la hauteur de la Superga. Perfectionnée dans ses détails et popularisée par l'ingénieur piémontais Porro, elle est aujourd'hui d'une application générale.

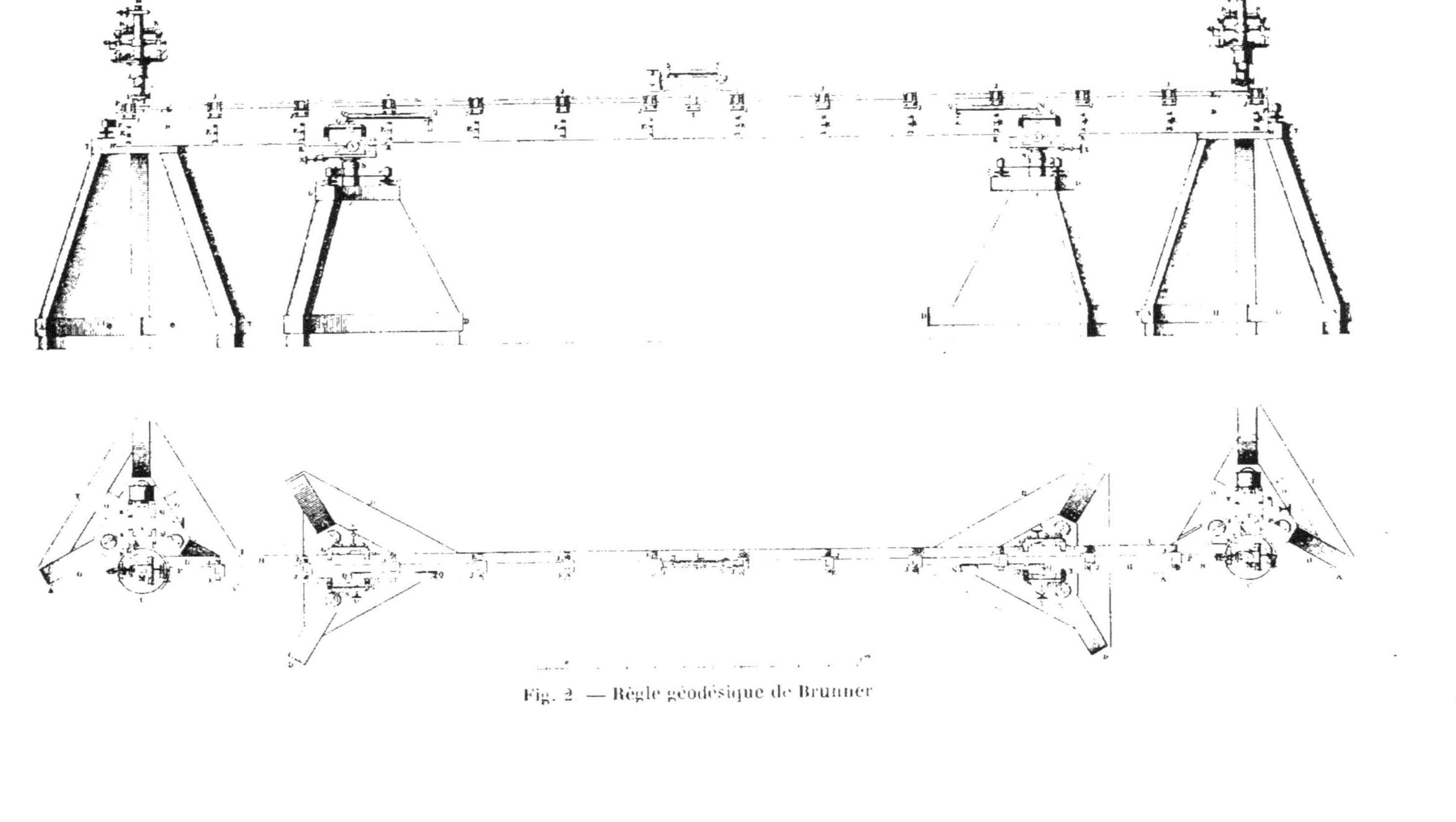

Fig. 2 — Règle géodésique de Brunner

Les instruments qu'on y emploie sont des *règles à traits*
de 4 mètres de long, observées au microscope.

Comme on opère ici, non plus dans un laboratoire où
les conditions physiques du milieu ambiant peuvent être
réglées à volonté mais en plein air, la correction relative
à la température prend une importance capitale. Le principe utilisé pour sa détermination est celui de l'observation de la différence de longueur de deux métaux inégalement dilatables, accolés, principe dont les inventeurs, il
ne faut pas l'oublier, furent Lavoisier et Borda.

Aux premières règles bimétalliques en laiton et fer (qui
servirent à la mesure des bases de la triangulation algé-
rienne) ont été substituées des règles en platine et laiton,
construites par Brunner (fig. 2), qui ont servi au général
Bassot pour la mesure des bases de Dunkerque, de Paris
et de Perpignan, au général Ibañez et à M. Saavedra pour
la mesure de la base de Madridejos, lors de la revision des
méridiennes française et espagnole. Quel que soit le soin
apporté à l'exacte détermination d'une correction (et ceci
est un principe général), il y a toujours avantage à rendre
cette correction aussi petite que possible. De là l'intérêt
qui s'attache à l'étude des métaux à dilatation extrêmement faible, poursuivie avec tant d'habileté par M. Guillaume, le savant directeur adjoint du Bureau international
de Breteuil, et qui l'a conduit à ces aciers au nickel,
généralement connus aujourd'hui sous le nom de métal
Guillaume ou *invar*, dont les variations de composition
permettent d'obtenir, en quelque sorte, sous le rapport de
la dilatation, tout ce qu'on veut. Une règle de 4 mètres de
ce métal, destinée au Service géographique de l'Armée, est
soumise en ce moment même à l'étalonnage au Pavillon
de Breteuil. Il suffit, avec une telle règle, de connaître la
température à un degré près pour que l'erreur soit
insignifiante.

La complication que comporte l'emploi des règles
observées au microscope a fait rechercher des moyens

plus rapides de mesurer avec précision de grandes longueurs. Une solution très pratique a été fondée par le professeur suédois Jaederin sur l'emploi de rubans ou de fils métalliques sous tension constante. Ici, et bien mieux encore, l'emploi du métal Guillaume a permis de rendre extrêmement petite la correction relative à la température, au point même que, pour des fils de 24 mètres de longueur, un écart de température de 30 degrés n'introduit qu'une variation négligeable ; autant dire que, dans ce cas, l'effet de la température est réduit à rien.

Mesure des très petites longueurs. — A l'opposé des longueurs relativement grandes que constituent sur le sol les bases géodésiques, on a parfois, dans les laboratoires ou les ateliers, à mesurer des longueurs extrêmement petites échappant à la possibilité de mesures directes parce qu'inférieures aux plus minimes fractions des règles divisées, appréciables à vue.

C'est encore la vis micrométrique qui, dans les cas où on peut opérer par contact, fournit ici la solution. Les instruments dont elle constitue l'organe essentiel, *sphéromètres* ou *palmers*, permettent, lorsqu'ils sont construits avec soin et maniés avec précaution, d'atteindre une haute précision, plus élevée, bien entendu, lorsqu'ils servent à obtenir des comparaisons que lorsqu'on leur demande des valeurs absolues. Employé comme comparateur, un bon sphéromètre arrive à donner l'approximation du micron.

Procédés interférentiels. — Mais, dans ce domaine de l'extrême petitesse, ce sont, on le conçoit sans peine, les *franges d'interférence* qui se prêteront aux mesures les plus précises.

Les longueurs d'onde des radiations du cadmium, employées, comme nous l'avons vu, par M. Michelson, pour l'étalonnage physique du mètre légal, sont devenues entre les mains de MM. Benoit, Chappuis, Macé de Lépinay, Pérot et Fabry de véritables étalons se prêtant aux mesures les plus délicates.

Le phénomène des *franges de superposition blanches*, obtenu par ces deux derniers savants au moyen de lames parallèles à demi-argenture, d'un pouvoir réflecteur élevé, leur a permis d'atteindre à un degré de précision presque invraisemblable. L'*interféromètre* (fig. 3) dans lequel est appliqué ce principe permet de mesurer des longueurs de 10 à 15 centimètres à quelques centièmes de micron près.

Fig. 3. — Interféromètre de Pérot et Fabry.
(*Construit par la maison Jobin, à Paris.*)

La réalisation matérielle d'un tel instrument peut être citée comme une merveille de délicatesse et de précision. L'achèvement du réglage, qui exige des déplacements angulaires de l'ordre du quarantième de seconde, et linéaires de l'ordre du centième de micron, y est obtenu à l'aide de petits soufflets en caoutchouc pleins d'eau dont on peut faire varier la pression en les reliant par un tube également en caoutchouc à un réservoir de hauteur variable. La simple pression ainsi produite sur des pièces d'acier rigide, ou presque, permet d'atteindre à un réglage absolument parfait.

M. Jobin, qui a réalisé ce tour de force de construction, a appliqué à son tour le principe de MM. Pérot et Fabry dans un instrument combiné d'après une idée de M. l'ingénieur des ponts et chaussées Mesnager en vue de l'étude des déformations élastiques des pièces de pont.

Mesure des angles

Avec la longueur, la grandeur géométrique la plus importante à considérer est l'angle. Ici, l'unité de mesure étant fournie par la circonférence entière, il n'y a pas lieu de parler de son étalonnage. Seule sa division est à considérer.

À l'antique division sexagésimale du cercle en degrés, minutes et secondes, on a proposé, lors de la création du système métrique, de substituer la division centésimale en 400 grades subdivisés eux-mêmes en décigrades, centigrades, etc... C'est dans ce système d'unités qu'ont été exécutés tous les calculs de la *Mécanique céleste* de Laplace. L'obstacle à sa diffusion a été pendant longtemps l'absence de tables trigonométriques centésimales. Cet obstacle n'existe plus aujourd'hui et le nouveau système d'unités est maintenant généralement adopté par les géodésiens, alors que les astronomes et les navigateurs continuent à avoir recours à l'ancien.

C'est donc tout d'abord de la perfection de la *machine à diviser le cercle* que résultera la plus ou moins grande précision de la mesure des angles.

Il est bon de rappeler à cette occasion que la première idée de la vis tangente qui a permis la réalisation d'une telle machine appartient à un Français, le duc de Chaulnes, dont la conception primitive a été perfectionnée successivement par Ramsden, Gambey, et, dans la période contemporaine, par Froment, Brunner, Eichens.

On arrive aujourd'hui dans les bonnes machines à répondre de l'exactitude des divisions à $0'',6$ près.

Mais quelque parfaites que paraissent à première vue les divisions de cercle obtenues à la machine, elles doivent toujours être tenues pour suspectes, et il est indispensable, lorsqu'on recherche une haute précision, de recourir à des procédés de mesure propres sinon à éliminer rigoureusement les erreurs de ces divisions, du moins à rendre leur effet absolument négligeable.

Avant d'en dire un mot, remarquons que l'application du principe utilisé pour la mesure des angles suppose le cercle mobile (qui tantôt porte l'index de la lecture et tantôt la graduation) exactement centré sur son axe de rotation. Cette condition est, en réalité, extrêmement difficile à obtenir en toute rigueur, et l'habileté des constructeurs consiste à en approcher le mieux possible.

Il n'en est pas moins vrai que les deux grands ennemis contre lesquels on doit se mettre en garde dans les déterminations d'angles sont les erreurs de division et d'excentricité.

Fort heureusement l'analyse mathématique a permis de démontrer qu'il suffisait, pour rendre ces erreurs négligeables, de faire correspondre à une visée non pas la lecture faite à un seul index mais la moyenne de celles qui sont faites à plusieurs index disposés au sommet d'un polygone régulier, la précision augmentant d'ailleurs rapidement avec le nombre de ces index.

Ce nombre, qui est généralement de six dans les instruments d'astronomie, se réduit à quatre dans ceux de géodésie et à deux dans ceux qui servent aux levers courants. On peut d'ailleurs multiplier fictivement le nombre de ces index par la *méthode de la réitération*.

Rappelons que l'introduction, dans la pratique des géodésiens français, de cette précieuse méthode a été, il y a une quarantaine d'années, le fait du capitaine, depuis général, Perrier, employé alors, sous les ordres du colonel Levret, de l'ancien corps des ingénieurs géographes, à la triangulation du rattachement anglo-français.

L'évaluation des fractions de division qui entrent dans la lecture des index se fait au moyen soit du *vernier*, cet ingénieux dispositif inventé dès le début du xviie siècle par un Franc-Comtois dont il porte le nom, soit du microscope micrométrique dont le principe a été ensuite découvert, indépendamment l'un de l'autre, par Gascoigne (1640) et Auzout (1667).

Longtemps réservé aux seuls instruments d'astronomie, ce dernier organe a été depuis lors appliqué à ceux de géodésie ; et c'est encore à Perrier qu'il convient de faire honneur de cette initiative.

Enfin l'introduction du micromètre dans les oculaires mêmes, toujours préconisée par Perrier, a permis d'accroître dans une large mesure l'exactitude des pointés.

Rappelons à cette occasion que c'est un Français, l'abbé Picard, un des plus grands géodésiens qu'ait produits le xviie siècle, qui a, le premier, eu l'idée d'adapter la lunette à réticule au cercle divisé, ouvrant ainsi la porte à tous les progrès ultérieurs.

La mesure des angles intéresse surtout l'exacte détermination de la position des points soit dans le ciel, et c'est l'objet de l'*astronomie de position*, soit sur la terre, et c'est l'objet de la *géodésie* ou de la *topométrie* (1) suivant que la détermination s'applique à une région de la terre assez étendue pour qu'il y ait lieu de tenir compte de sa courbure, ou non.

Instruments astronomiques. — La fixation de la position des astres se ramène, comme on sait, à la mesure de deux

______

(1) J'entends ici, avec le colonel Goulier, par *topométrie* la partie de la topographie qui a pour objet les mesures géométriques effectuées sur le terrain en vue des levers.

angles (ascension droite et déclinaison) qui s'effectue au moyen des *instruments méridiens* complétés par l'horloge sidérale.

L'établissement de ces grands instruments exige une connaissance approfondie des ressources les plus variées de la haute mécanique, qui n'a jamais fait défaut à l'ingéniosité de nos constructeurs français, formés à l'école de Gambey, de Lerebours et Secrétan, de Brunner, d'Eichens.

Mais alors que jadis, vu les dimensions de ces instruments, on s'attachait surtout à les faire aussi légers que possible, sans se soucier de leurs flexions qui étaient loin pourtant d'être négligeables, on s'efforce aujourd'hui de faire disparaître ces flexions autant qu'il est possible. L'emploi de la fonte de fer, combiné avec des formes calculées en vue du maximum de résistance, a permis d'obtenir des résultats si satisfaisants qu'il résulte d'expériences faites par M. Lœwy, au moyen d'un appareil spécialement imaginé pour apprécier les effets de la flexion, que ceux-ci, dans les instruments les plus récents, peuvent être tenus pour négligeables.

Toutes les causes d'erreur tenant à l'élasticité des pièces qui composent ces énormes masses ont été mises en lumière, minutieusement analysées, et jamais l'imagination des constructeurs ne s'est trouvée en défaut pour les faire disparaître. C'est ainsi, par exemple, que certain effet de torsion des rayons convergents des grands cercles muraux a pu être conjuré par M. Gautier grâce à l'emploi de rayons croisés.

Il suffit, pour donner une idée des résultats obtenus dans cette voie, de dire qu'avec des cercles méridiens d'une masse de 1500 kilogrammes environ (fig. 4), on fait maintenant les déterminations d'angles à quelques dixièmesde seconde près.

Le *bain de mercure*, accessoire obligé des instruments méridiens, à qui il permet d'effectuer le pointé du nadir, a été, de son côté, doté de la stabilité qui lui a fait si long-

Fig. 4 — Grand cercle méridien de l'Obs

Fig. 4 — Grand cercle méridien de l'Observatoire de Toulouse.

Construit par la maison Gautier, à Paris.

temps défaut, grâce soit à l'amincissement de la couche de mercure proposé par M. Gautier, soit à l'emploi de la suspension élastique inventée par M. Hamy.

Fig. 5 — Cercle azimutal réitérateur du Service géographique de l'Armée.

Instruments géodésiques. — Dans l'ordre des instruments géodésiques, c'est du type du *cercle azimutal* (fig. 5) créé par Perrier, avec la collaboration de Brunner, pour le

Service géographique de l'Armée, que dérivent les dispositions principales des instruments modernes. Ce cercle, réitérateur, à limbe de 0^m,40 de diamètre, est muni de quatre microscopes micrométriques donnant directement les 4″ (et les 0″,4 par estime) et d'un oculaire micrométrique donnant pour le pointé les 5″ directement (et les 0″,5 par estime) (1).

Dans le même temps, Perrier, toujours avec la collaboration de Brunner, réalisait les premiers *théodolites réitérateurs* à verniers, qui ont été utilisés pour les opérations du deuxième ordre en Algérie.

C'est vers 1886 que l'adaptation des microscopes au théodolite réitérateur (fig. 6) a été effectuée par le lieutenant-colonel Bassot, aujourd'hui général et directeur du Service géographique de l'Armée.

Le commandant Bourgeois, chef de la section géodésique de ce service, a, de son côté, introduit dans ce théodolite l'oculaire micrométrique.

Le général Bassot et le commandant Bourgeois ont d'ailleurs été secondés pour cette partie de leurs travaux par un mécanicien de grand mérite, M. Huetz, formé à l'école de Brunner.

J'ai déjà prononcé plusieurs fois ce nom de Brunner, qui revient à chaque instant dans l'histoire de la transformation moderne des instruments de mesure. Les grands artistes qui l'ont porté ont laissé des exemples qui ont pu servir de guides aux constructeurs français venus à la suite.

La variété des types des cercles et théodolites employés en géodésie est très grande, chaque constructeur s'ingéniant soit à corriger quelque cause d'erreur mise en lumière par l'expérience, soit à introduire quelque commodité nouvelle dans le maniement de l'instrument. Il ne

---

(1) Il n'est pas inutile de rappeler que c'est de la création de cet instrument que date, dans la mesure des triangles géodésiques, la substitution des angles du triangle sphérique (c'est-à-dire des dièdres formés par les verticaux passant par les sommets visés) aux angles du triangle plan.

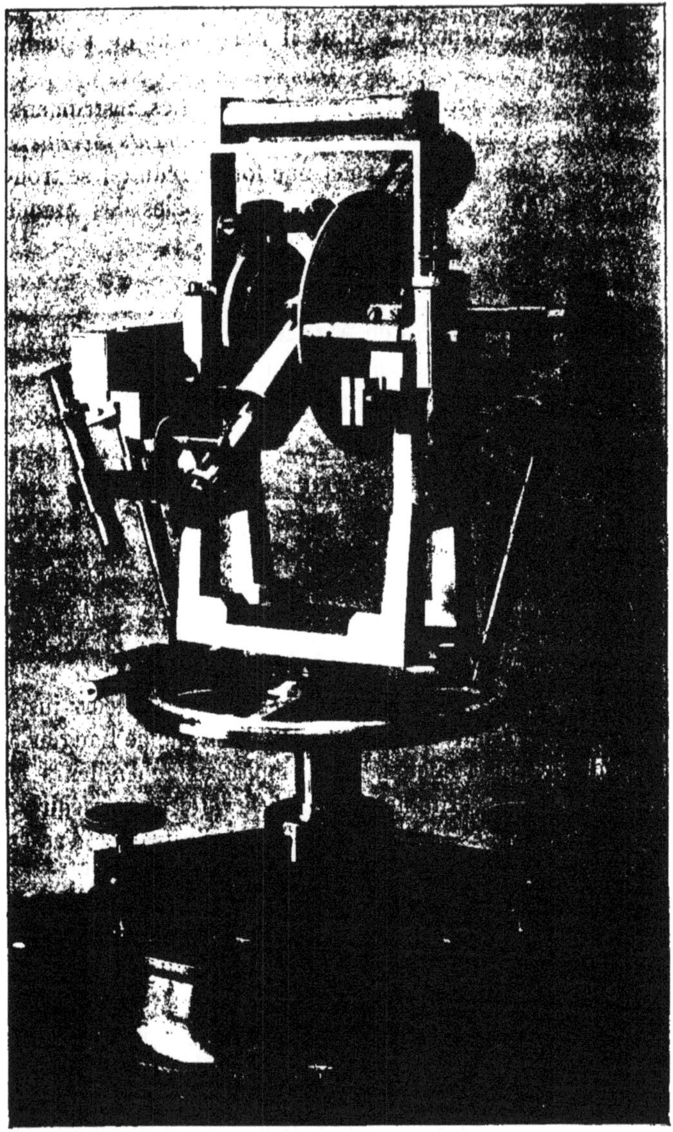

Fig. 6. — Théodolite réitérateur du Service géographique de l'Armée.

saurait être question ici d'entrer dans aucun détail au sujet de ces dispositifs dont il nous suffit de signaler l'existence.

Instruments méridiens portatifs. — Les instruments géodésiques comprennent encore les *instruments méridiens portatifs*, dans lesquels, sous une forme réduite, se trouvent reproduites les dispositions principales des grands

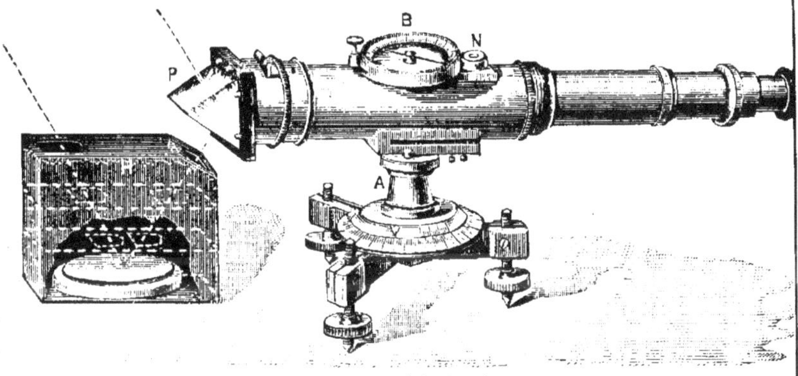

Fig. 7. — Astrolabe à prisme.
(Construit par la maison Vion, à Paris.)

cercles méridiens des observatoires. Il est d'ailleurs juste de rappeler l'étude très soignée que l'astronome Laugier a faite de ces instruments. Leur emploi exige d'ailleurs la construction de véritables petits observatoires provisoires, qui ne laisse pas, dans certains cas, d'entraîner d'assez grosses complications.

En vue de déterminer sur le terrain l'heure et la latitude au moyen d'un instrument aussi maniable qu'un théodolite et offrant une précision comparable à celle des instruments méridiens, M. Claude, calculateur au Bureau des longitudes, vient d'imaginer un instrument fort simple, dit *astrolabe à prisme* (fig. 7), qui permet d'appliquer sous une forme particulièrement commode la méthode des hauteurs égales de Gauss. Il se compose d'un prisme droit de flint, à base triangulaire équilatérale, dont deux faces renvoient horizontalement dans une lunette les rayons émanant d'une étoile et de son image réfléchie dans un bain de mercure d'une disposition très pratique. Les études poursuivies sur l'emploi de cet instrument par M. l'ingénieur hydrographe Driencourt, contribueront à donner une grande précision aux résultats qu'on en peut attendre.

Les opérations géodésiques doivent être, autant que possible, complétées par la détermination, en certains points, des *éléments magnétiques*. Les instruments propres à cet usage (c'est-à-dire donnant les moyens de déterminer la déclinaison, l'inclinaison et la composante horizontale), primitivement conçus par Gambey, ont été considérablement perfectionnés par M. Moureaux, le savant chef du Service magnétique de l'observatoire de Saint-Maur.

Instruments topométriques. — Les *instruments topométriques* destinés aux mesures courantes ne diffèrent pas essentiellement des instruments géodésiques, mais, en vue de les rendre plus particulièrement aptes aux opérations de tel ou tel genre, on a, pour ainsi dire, varié à l'infini leurs dispositions de détail. C'est ici surtout qu'il y aurait lieu de louer l'esprit inventif et l'habileté professionnelle de nos constructeurs et notamment, pour ne citer que les morts : Lenoir, Gravet, Richer, Bellieni, Balbreck, Parent, Secrétan.

Les efforts de plusieurs d'entre eux ont d'ailleurs, pendant de longues années, été dirigés par les vues théoriques du colonel Goulier, dont le nom n'a pas cessé de faire autorité dans le domaine de la topométrie.

Notons en passant qu'en vue de la polygonation de la refonte du cadastre, M. l'ingénieur en chef des mines Lallemand vient d'arrêter les dispositions d'un théodolite (fig. 8) dans lequel, grâce à des microscopes coudés, l'opérateur fait toutes ses lectures d'azimut et de hauteur en restant dans la position qu'il occupe pour le pointé.

Dans cet instrument les verniers sont supprimés, et les graduations des cercles, en décigrades, sont lues au moyen de microscopes d'un grossissement suffisant pour que la simple estime donne aisément le centigrade.

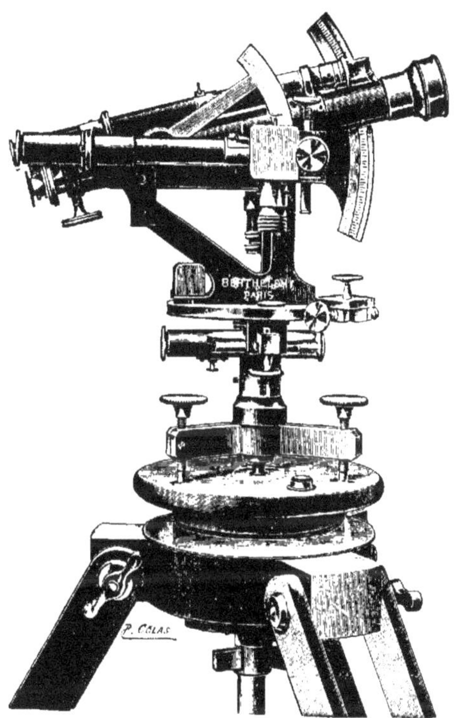

Fig. 8. — Théodolite du Cadastre.
(Construit par la maison Ponthus et Therrode, à Paris)

Mesure optique des distances. Tachéomètres. — Un des traits essentiels de la topométrie moderne consiste dans la mesure des longueurs par des moyens optiques qui se réduisent en principe à des lectures faites dans deux directions très voisines, c'est-à-dire laissant entre elles une très petite parallaxe, sur des mires graduées dites *stadias*.

Cette méthode qui n'offrirait pas, pour les besoins de la géodésie, la précision requise, est largement suffisante pour les opérations topométriques auxquelles elle assure à la fois beaucoup plus de commodité et de rapidité, d'où le nom de *tachéomètre* (instrument rapide) donné aux théodolites pourvus des dispositifs optiques destinés à la mesure des distances.

L'invention, par Porro, de la *lunette anallatique* provo-

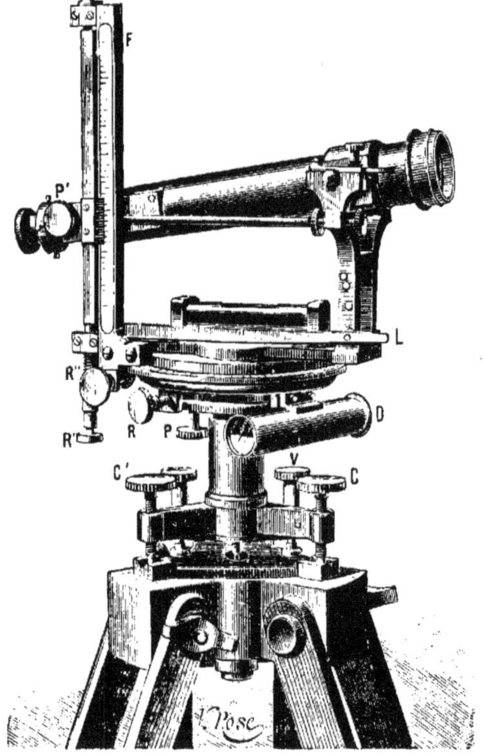

Fig. 9. — Tachéomètre auto-réducteur de Sanguet.

qua l'essor définitif de cette méthode déjà essayée, notamment en Bavière par Brandes, et dont le vulgarisateur en France fut Moinot qui combina, avec le concours de Richer, les dispositions des premiers tachéomètres employés chez nous.

Perfectionnées d'abord par Brunner, ces dispositions ont

été peu à peu complétées dans la suite de façon à suppléer par l'observation directe aux calculs qu'exigeait, à l'origine, la réduction des lectures fournies par l'instrument.

Parmi ces tachéomètres auto-réducteurs nous citerons spécialement celui qui a été imaginé par M. Sanguet, ingénieur topographe, dont l'ingéniosité comme mécanicien est doublée d'une longue expérience personnelle des opérations sur le terrain.

Un des traits originaux des instruments de M. Sanguet consiste dans l'introduction de butées mécaniques d'une extrême précision pour obtenir, par la variation d'une ligne de visée unique, les petites parallaxes nécessaires à l'évaluation des distances par lecture sur des mires.

Dans son *tachéomètre auto-réducteur* (fig. 9), dans son *longi-altimètre*, ce principe est appliqué sous des formes différentes et fort bien combinées.

Il a eu aussi l'idée de faire naître la parallaxe au moyen de la déviation de la ligne de visée produite par un prisme de très petit angle qui peut se rabattre sur l'objectif de la lunette et auquel il a donné le nom de *diastimomètre*. Grâce à des graduations convenablement calculées, il est facile d'orienter l'arête du prisme de façon à avoir par une lecture directe la distance réduite à l'horizon ou la différence de niveau.

L'expérience d'opérateur de M. Sanguet l'a également conduit à doter ses instruments de moyens de contrôle fondés sur l'obtention simultanée de lectures sans relation simple immédiate entre elles, mais qui, combinées par voie d'addition ou de soustraction, doivent donner lieu à de telles relations.

Mesure des altitudes. Niveaux. — Les levers topométriques doivent être complétés par des mesures de différences de niveau dont l'importance est capitale.

L'application du *niveau à bulle* aux mesures de ce genre rappelle encore les noms français de Thévenot, de Chézy, d'Egault, de Lenoir, de Bourdaloue (dont l'habileté est restée légendaire depuis le fameux nivellement de l'isthme de Suez, qui a démontré définitivement la possibilité d'ouvrir le canal), enfin du colonel Goulier.

L'instrument le plus parfait dans lequel est réalisée

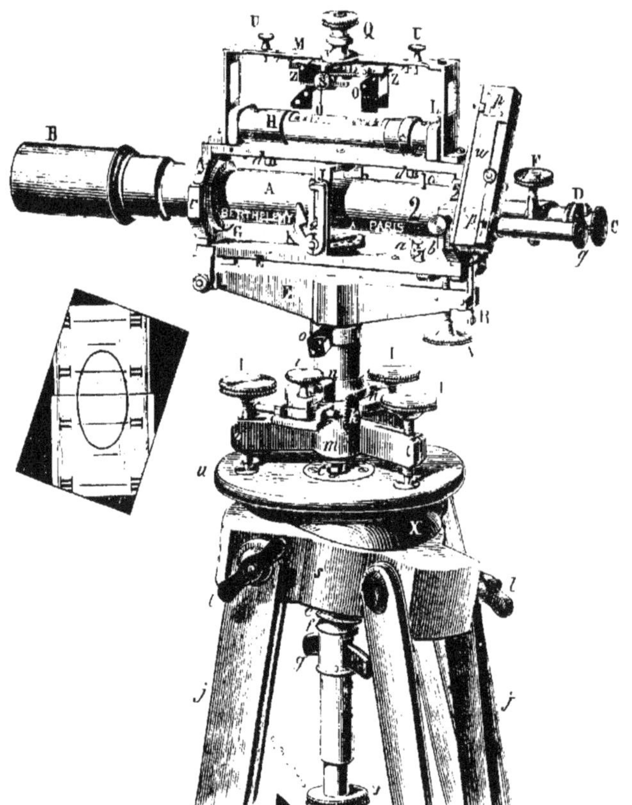

Fig. 10. — Niveau du nivellement général de la France.
Construit par la maison Ponthus et Therrode, à Paris.)

cette application est sans doute le *niveau à fiole indépendante* (fig. 10) dont les dispositions ont été arrêtées par la *Commission du nivellement général de la France*, à la suite des études très savantes et très minutieuses du colonel Goulier, et qui a été encore perfectionné dans ses détails par MM. Lallemand et Klein.

La *mire parlante compensée* qui le complète est également l'œuvre du colonel Goulier.

Grâce à une étude approfondie des causes d'erreurs qui interviennent dans ces mesures particulièrement délicates et des moyens de les éliminer, M. l'ingénieur en chef Lallemand, en instituant de rigoureuses méthodes de contrôle, est parvenu à établir le réseau fondamental du nivellement général de la France avec une erreur moyenne kilométrique qui dépasse à peine le millimètre.

Dans les levers tachéométriques, les différences de niveau sont maintenant obtenues directement, de même que les distances, par des lectures sur la mire, et d'ingénieuses dispositions ont été proposées en vue de fournir sans calcul les valeurs absolues des cotes qu'il s'agit de relever.

Tachéographe. — En vue du maximum de célérité dans les levers topométriques, on s'est préoccupé de combiner des instruments qui non seulement fournissent par une lecture directe les angles horizontaux, les distances réduites à l'horizon et les différences de niveau, mais qui soient propres, en outre, à donner mécaniquement sur le plan à construire la position précise des points relevés.

Le principe d'un tel instrument a été donné, sous le nom d'*homolographe*, par deux savants officiers du génie, MM. Peaucellier et Wagner (dont l'un, devenu général et président du Comité du Génie, s'est acquis une célébrité universelle par la belle découverte de l'*inverseur* qui porte son nom).

Sous le nom de *tachéographe* (fig. 11) une solution fort élégante a été obtenue pour le même problème par M. Schrader, le géographe bien connu. L'organe essentiel de cet instrument est une came hyperbolique dont la réalisation matérielle offrait une difficulté exceptionnelle, attendu qu'il s'agissait d'atteindre en chaque point une exactitude de l'ordre du micron. Cette difficulté a été vaincue par M. Carpentier à qui l'on doit l'étude de détail de l'appareil et qui l'a, en outre, doté d'une mise au point automatique permettant d'accroître encore très sensiblement la rapidité des opérations.

Lorsque les fils stadimétriques de la lunette ont été amenés à bissecter les voyants fixes de la mire tenue horizontalement au-dessus du point à relever, il suffit d'appuyer sur le traçoir pour marquer sur le plan (matérialisé sous

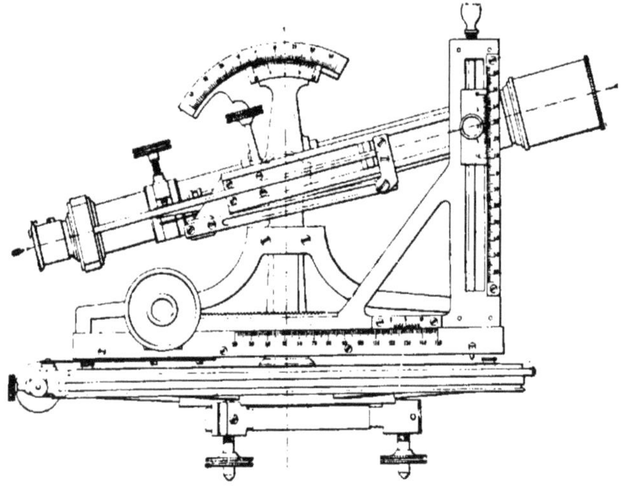

Fig. 11. — Tachéographe Schrader.
(Construit par la maison Carpentier, à Paris.)

forme d'un disque en zinc) la position du point correspondant.

Inversement cet instrument donne la plus grande facilité pour le report des points sur le terrain.

Instruments nautiques. — Les besoins de la navigation ont, comme on sait, depuis longtemps fait naître des types spéciaux d'instruments de mesure d'angles, à l'occasion desquels je ne puis me dispenser de rappeler les noms des constructeurs Lorieux et Hurlimann. L'impossibilité, vu l'instabilité du navire, d'obtenir les angles par deux visées successives, a rendu indispensable l'adoption d'instruments propres à les donner par une seule visée.

C'est le principe de la double réflexion, découvert par Newton, qui a fourni à l'immortel auteur des *Principes* la solution du problème sous forme du sextant réalisé pour la première fois en 1734 par Halley.

Le perfectionnement le plus notable apporté depuis lors aux instruments à réflexion a été obtenu dans le cercle imaginé d'abord par Mayer et modifié par Borda, à l'aide duquel, il y a lieu de ne pas l'oublier, le fameux ingénieur hydrographe Beautemps-Beaupré a effectué tous les levers qui ont illustré son nom.

Comme utile complément du sextant, on doit citer le *gyroscope collimateur* de l'amiral Fleuriais qui utilise les propriétés bien connues de la toupie pour fournir, à bord d'un navire secoué de mouvements quelconques, un horizon artificiel propre à la mesure de la hauteur des astres lorsque l'horizon naturel de la mer manque de netteté ou même est totalement invisible.

Il est juste d'ajouter que l'emploi de cet ingénieux appareil n'est devenu vraiment pratique que depuis que MM. Ponthus et Therrode ont trouvé un moyen très simple et très sûr de lancer et de faire tourner le gyroscope dans le vide relatif, assurant ainsi une trentaine de minutes à l'observation.

En vue de corriger l'influence non négligeable de la rotation terrestre sur ce gyroscope, M. l'ingénieur hydrographe Favé poursuit, en ce moment même, de savantes recherches, d'où sortira sans aucun doute la solution définitive du problème.

Pour la mesure angulaire des distances à la mer, assurée déjà par le *micromètre* Lugeol, l'amiral Fleuriais a cherché à utiliser aussi la double réflexion en simplifiant les dispositions du sextant.

Le commandant Guyou, à qui l'art de la navigation est redevable de tant de progrès, a complété ces dispositions par l'adjonction d'un tambour portant une graduation spéciale qui permet de lire directement sur l'instrument la distance cherchée sans avoir à faire aucun calcul.

Je ne puis terminer ce qui a trait aux instruments nautiques sans rappeler que c'est à sir W. Thomson, aujourd'hui lord Kelvin, qu'est dû l'admirable *compas* universellement employé maintenant dans toutes les marines du monde, et que complète si heureusement le *déflecteur* permettant d'annuler les déviations sans le secours de points de repère extérieurs.

Intégrateurs. — La mesure de toutes les autres grandeurs géométriques (surfaces, volumes, moments,...) peut se ramener à des mesures de longueurs ou d'angles.

Il est intéressant toutefois de signaler une catégorie spéciale d'instruments permettant la mesure directe des surfaces en la ramenant à la simple évaluation du roulement d'une roulette, ou même de la longueur d'un segment de droite : ce sont les *intégrateurs*.

Le type le plus classique de ces intégrateurs est le *planimètre* d'Amsler, dans lequel la roulette calculatrice est fixée normalement à une tige portant le traçoir au moyen duquel on suit le contour limitant l'aire à évaluer, et articulée elle-même avec une autre tige pivotant autour d'un point fixe.

M. Amsler de son côté, M. Marcel Deprez, du sien, indépendamment l'un de l'autre, ont eu l'idée d'un appareil plus complet, dans lequel la roulette, au lieu d'être invariablement fixée à la tige du traçoir, y est reliée par l'intermédiaire d'un engrenage planétaire (établissant certains rapports entre les angles dont tourne son axe et ceux dont tourne cette tige), dans lequel, en outre, la seconde tige, au lieu d'être astreinte à une rotation autour d'un point fixe, est soumise à une translation parallèle à un axe fixe auquel elle reste perpendiculaire. L'*intégromètre* ainsi réalisé permet d'évaluer non seulement l'aire d'une portion de plan limitée à un certain contour, mais encore son moment simple ou son moment d'inertie pris par rapport à un axe quelconque tracé dans ce plan.

Un planimètre, fondé sur un principe cinématique différent et fort ingénieux aussi, a été imaginé par M. J. Richard pour évaluer les aires définies sur des cylindres enregistreurs par les courbes recueillies sur ces appareils grâce aux dispositifs dont nous dirons un mot tout à l'heure. Ce genre spécial d'intégrateur est susceptible d'une foule d'applications pratiques.

Les instruments qui viennent d'être mentionnés donnent la valeur numérique des aires limitées à certains contours. Or, une foule d'applications exigent que l'on puisse suivre les variations de l'aire comprise entre un axe, un arc de courbe, pris entre une origine fixe et une extrémité variable, et les ordonnées qui correspondent à ces deux points. Les variations de cette aire se représentent au moyen d'une seconde courbe qui est dite l'*intégrale* de la première, et le problème se posait dès lors d'obtenir mécaniquement le tracé de cette courbe. La solution de ce problème a été donnée sous une forme fort élégante par M. Abdank-Abakanowicz dont la conception première a été sensiblement améliorée dans ses détails mécaniques par M. Napoli. Je ne fais que mentionner ce type d'appareil, aujourd'hui classique sous le nom d'*intégraphe*, qui nous éloignerait un peu de notre sujet. Il n'a d'ailleurs pas dit son dernier mot.

Mesure du temps

A la mesure des grandeurs géométriques se rattache immédiatement celle du temps.

Le temps prend, en effet, pour les astronomes et les géographes, la forme strictement géométrique d'un angle. L'heure moyenne n'est autre, en effet, que l'angle compris entre le méridien et le plan de déclinaison du soleil fictif dont l'ascension droite est constamment égale à la partie non périodique de l'ascension droite du soleil vrai, angle évalué avec une unité spéciale comprenant 15 degrés de la division sexagésimale du cercle.

Chronomètres. — L'objet des *chronomètres* est de faire connaître à chaque instant la valeur de cet angle, au moyen d'aiguilles mues par un mécanisme *ad hoc* sur des cadrans convenablement gradués.

Il est donc tout naturel de rattacher la *chronométrie* aux mesures d'ordre géométrique.

Mais la chronométrie constitue à la vérité un art très vaste, soulevant des questions très complexes qui exigeraient des développements considérables.

Nous ne pouvons ici qu'en effleurer les points tout à fait principaux.

Pour nous en tenir au chronomètre considéré comme instrument de précision, rappelons que c'est l'horloger Pierre Leroy qui, par l'invention de *l'échappement libre*, a, le premier, rendu cet instrument propre à la détermination des longitudes en mer.

C'est également Pierre Leroy qui, le premier, a trouvé le moyen (par le choix d'une longueur convenable) de rendre isochrone le *spiral régulateur* imaginé par Huygens. Mais un progrès capital a été acquis dans cette voie par la découverte, due à Phillips, professeur à l'École polytechnique, des *courbes terminales* grâce auxquelles l'isochronisme peut être obtenu avec un spiral de longueur quelconque.

La détermination de ces courbes terminales repose sur une analyse mathématique délicate. MM. Guillaume et Pettavel l'ont rendue mécanique grâce à un ingénieux appareil qui permet, à l'aide de quelques retouches successives, de donner à un fil métallique la forme requise.

Mais l'isochronisme, rigoureusement obtenu par le spiral réglant de Phillips pour deux températures extrêmes, est modifié dans l'intervalle par la température, ennemi toujours aux aguets de toute détermination précise. La partie principale de l'erreur ainsi provoquée peut être compensée par une diminution automatique du moment d'inertie du balancier constitué à cet effet de deux métaux, acier et laiton, inégalement dilatables ; mais ce procédé laissait encore subsister une erreur secondaire qui n'était pas inférieure à 2^s, et qu'on a longtemps cherché à faire disparaître. L'emploi des spiraux de palladium a procuré des résultats assez satisfaisants ; mais ces spiraux conservent moins bien leur marche que ceux d'acier. C'est donc du côté du balancier qu'on a dû rechercher les moyens de réduire, sinon d'annuler, l'erreur secondaire. M. Guillaume, dont j'ai déjà eu l'occasion de vous citer les belles recherches sur les aciers au nickel, a obtenu une remarquable solution du problème par la substitution à l'acier simple, dans la lame bimétallique du balancier, d'un acier au nickel judicieusement choisi. Il résulte des épreuves très sévères auxquelles ont été soumis, à l'Observatoire de Neuchâtel, des chronomètres ainsi construits que, dans les conditions les plus défavorables, l'erreur secondaire se trouve réduite à l'ordre du dixième de seconde.

Pour l'évaluation des très petites fractions de temps, on a dû recourir à d'autres phénomènes doués d'isochronisme, mais de période très réduite. Le physicien anglais Thomas Young a songé à utiliser à cet effet les vibrations d'une verge élastique à laquelle le mathématicien français Duhamel substitua le diapason dont, soit par la méthode optique de Lissajous, soit par la méthode acoustique de Kœnig, on peut connaître avec une très grande exactitude le nombre de vibrations par seconde.

L'emploi du diapason qui permet d'atteindre couramment le millième de seconde s'est considérablement généralisé dans les appareils connus sous le nom de *chronographes*. Ses vibrations se trouvent donc jouer, pour la mesure du temps, le même rôle que les franges d'interférence pour la mesure des longueurs.

Mesure des masses

La détermination des masses, comme celle des longueurs, suppose, avant tout, la confection d'étalons aussi exactement conformes que possible au prototype international dérivé du kilogramme en mousse de platine comprimée, construit par Lefèvre-Gineau et Fabbroni, et déposé aux Archives.

Ici donc reparaît le Bureau international des Poids et Mesures avec ses méthodes atteignant au dernier degré de la rigueur compatible avec l'état actuel de la science.

Le kilogramme ayant été primitivement défini par l'étalon des Archives, il y avait lieu de déterminer la masse exacte du décimètre cube d'eau à 4 degrés qui, théoriquement, devrait lui être égale. Cette détermination, d'une extrême difficulté, a été abordée récemment par des voies diverses, soit en reprenant, comme M. Guillaume, l'ancienne méthode des contacts, considérablement perfectionnée, soit en utilisant comme M. Chappuis d'une part, et M. Macé de Lépinay de l'autre, les méthodes interférentielles qui ont dû, en grande partie, leur succès à l'extraordinaire perfection avec laquelle M. Jobin est parvenu à réaliser la taille des cubes de crown ou de quartz ayant servi à ces mesures.

Il suffit d'indiquer qu'il a pu répondre de la planéité des faces à moins d'un quarantième de micron près, de l'exactitude de leurs angles à 1 ou 2" près.

Grâce à l'extrême habileté des expérimentateurs et malgré l'imperfection relative des moyens dont on disposait il y a un siècle, la masse du décimètre cube d'eau à 4 degrés ne diffère du kilogramme des Archives que d'une trentaine de milligrammes environ.

Une quarantaine d'étalons du premier ordre, en platine iridié, ont été fabriqués sous forme de cylindres dont la hauteur égale le diamètre de base, pour les États signataires de la Convention du mètre, par les soins de la Commission internationale, et déterminés avec une telle rigueur que le calcul des comparaisons de ces prototypes entre eux n'a fait ressortir pour l'erreur probable de l'équation d'un étalon qu'une valeur de $0^{mgr},002$.

Ces étalons sont d'ailleurs accompagnés de séries divisionnaires s'étendant jusqu'au $0^{mgr},1$.

D'autres étalons plus maniables, dits du deuxième ordre, ont été aussi fabriqués en nickel.

Balances. — Pour la vérification de ces étalons du premier ordre, de même que pour les autres pesées de précision qui lui incombent, le Bureau international a eu recours à des *balances* d'une telle perfection qu'elles permettent d'atteindre couramment la précision d'un deux-centième de milligramme sur le kilogramme.

Ces balances, qui peuvent être citées comme des merveilles d'ingéniosité et de délicatesse, ont été disposées de façon que l'opérateur ne puisse, même à distance, influer sur leurs résultats. Fixées sur de solides massifs de maçonnerie, comme les instruments des observatoires, elles sont enfermées dans des cages hermétiquement closes qui les protègent contre toute influence extérieure (fig. 12). L'échange des poids sur les plateaux, l'adjonction des très petits poids employés comme tare, et généralement toutes les manœuvres exigées par une pesée, s'effectuent à distance au moyen de longues tiges commandées par des manettes réunies sous la main de l'opérateur, qui peut, en outre, au moyen d'une lunette, observer les oscillations du fléau de la balance, traduites par les déplacements d'une échelle graduée devant le réticule de la lunette.

Les *balances*, destinées aux usages scientifiques ordinaires, sans être douées d'une telle précision, permettent d'atteindre le $0,1$ de milligramme, ce qui est largement suffisant.

En France, leur construction a été portée à son plus

haut point de perfection (pour ne citer toujours que les morts) par Collot (1) et par Deleuil.

Les balances de précision modernes (fig. 13) sont géné-

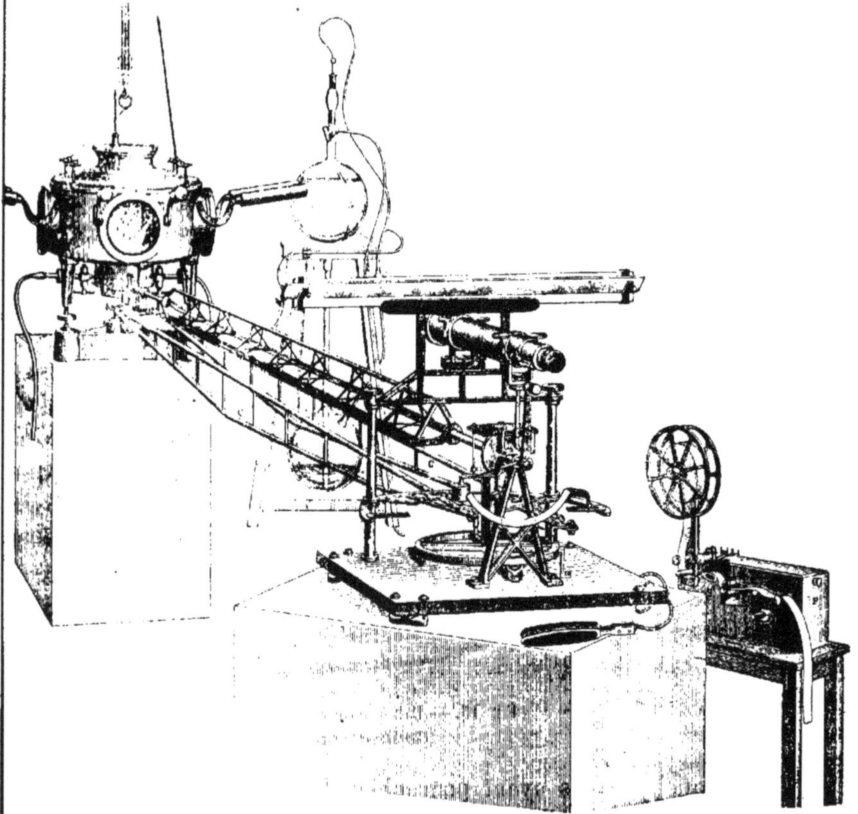

Fig. 12. — Balance de haute précision du Bureau international des Poids et Mesures.

ralement disposées de façon à donner le nombre entier de décigrammes par les poids déposés sur le plateau de la

(1) C'est Collot qui a construit la balance utilisée par Sainte-Claire-Deville pour les premières comparaisons des kilogrammes en platine iridié avec l'étalon des Archives.

balance, et les fractions du décigramme jusqu'au milligramme ou au demi-milligramme (avec le 0,1 à l'estime) par les déplacements d'un petit cavalier manœuvré de l'extérieur sur une règle graduée à cet effet.

Sans entrer dans aucun détail au sujet des dispositifs dans lesquels se révèle l'ingéniosité mécanique des constructeurs, je vous en signalerai toutefois en passant

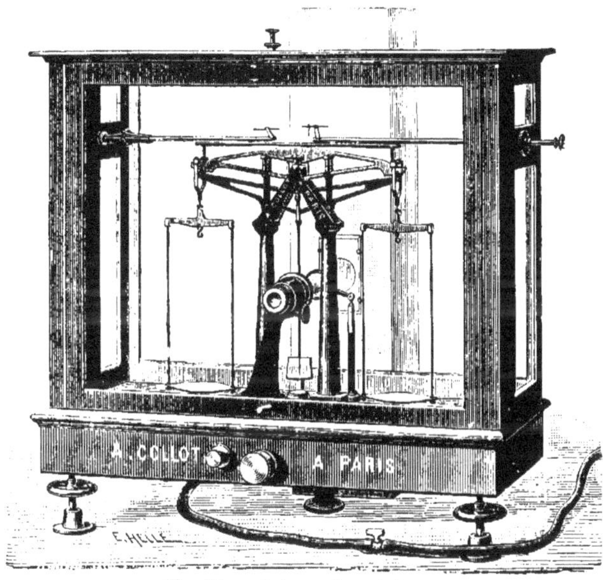

Fig. 13. — Balance de précision.
(Construite par la maison Collot, à Paris.)

quelques-uns ayant pour objet d'accroître très sensiblement la rapidité des pesées, tout en leur conservant la même précision :

C'est, d'une part, l'*amplification optique des oscillations* par la projection d'un réticule fixé à l'aiguille, qui est due à M. Collot, d'autre part, l'*amortissement des oscillations* obtenue, soit, comme l'a imaginé M. Curie, par la compression de l'air entre deux cylindres de cuivre au moyen d'une cloche en aluminium suspendue sous chaque plateau, soit, comme l'a proposé M. Collot, par la plongée de l'extrémité de l'aiguille dans l'huile de vaseline. Dans ce cas, les déplacements de l'aiguille s'apprécient au moyen d'un microscope micrométrique.

Intensité de la pesanteur. — La détermination des masses m'amène tout naturellement à vous dire un mot de la mesure de l'intensité de la pesanteur au moyen du *pendule composé* dont l'emploi était, dès 1800, préconisé par Prony.

Le savant ingénieur français signalait même le *principe de la réversion* comme propre à éliminer l'erreur de position du centre d'oscillation. Mais il ne réalisa pas son idée.

Réinventé en 1811 par Bohnenberger, le premier *pendule réversible* fut construit par Kater. Mais l'ensemble des conditions auxquelles devait satisfaire un tel instrument pour se prêter à la détermination de l'intensité de la pesanteur, ne furent établies qu'en 1849 par Bessel qui, par l'échange des couteaux, fit disparaître l'influence de la courbure de leurs arêtes.

Cet instrument a été grandement perfectionné de nos jours par le colonel Defforges qui est parvenu, en employant deux pendules de même poids et de longueurs différentes, avec les mêmes couteaux, à éliminer jusqu'à l'erreur qui tenait à l'entraînement du support.

Le pendule, construit par Brunner, d'après les indications du savant officier, lui a permis de faire à Breteuil une détermination rigoureuse de l'intensité absolue de la pesanteur qui a conduit au nombre

$$g = 9^{m}.80991.$$

Pour les déterminations relatives, le colonel Defforges a constitué un instrument d'un emploi plus simple qu'il appelle le *pendule réversible inversable*.

Mesures physiques

Nous arrivons maintenant à la mesure des grandeurs que nous offre le champ pour ainsi dire indéfini de la Physique. Le propre des instruments destinés à ces mesures est de réduire les variations des grandeurs considérées à des variations de grandeurs géométriques, longueur ou angle, aisément mesurables.

J'ajouterai tout de suite que pour assurer aux instruments de ce genre un étalonnage normal analogue à celui qui se pratique au Bureau international de Breteuil pour les instruments métrologiques, une institution vient, sous le nom de Laboratoire d'essai, d'être créée au Conservatoire même, sous la direction de M. Pérot, et il n'est pas douteux que ce ne soit là la source de progrès considérables. Le Laboratoire d'essai se chargera d'ailleurs, à un point de vue peut-être plus industriel, des étalonnages métrologiques pour les seuls besoins français. Il s'occupera aussi de vérifier la qualité des matériaux.

C'est particulièrement dans le domaine de la physique que s'affirme la nécessité d'une collaboration étroite entre le savant qui apporte l'idée théorique et l'artiste qui en fait une réalité. Jamais, on peut le dire, quelles que soient les difficultés offertes par la réalisation de leurs conceptions, nos physiciens n'ont trouvé les constructeurs à court d'ingéniosité, et tous se sont plu à reconnaître le concours très efficace qui leur a été prêté par ces précieux collaborateurs parmi lesquels, pour m'en tenir toujours à ceux qui ne sont plus, je citerai Soleil, Froment, Duboscq, Bréguet, Ruhmkorff.

L'étude des instruments de mesures physiques ne saurait, en réalité, être séparée de celle des diverses branches de la science auxquelles ils se rapportent. Toutefois il est un de ces instruments auquel nous devons faire une place spéciale, attendu que c'est lui qui permet d'apporter à toutes les mesures précédemment envisagées, les corrections de température indispensables pour les rendre comparables.

Thermomètres. — Le *thermomètre* est l'auxiliaire obligé et permanent du métrologiste et du géodésien. Sa construction évoque chez nous les noms d'Alvergniat, de Baudin, de Tonnelot.

Pour les physiciens, depuis les travaux classiques de Dulong et Petit, et de Regnault, le thermomètre par excellence est celui à gaz (à hydrogène, de préférence) dont l'échelle concorde étroitement avec l'échelle théorique fondée sur les principes de la thermodynamique. Mais la complication de cet instrument le rend impropre aux observations courantes. Seul, le *thermomètre à mercure* peut se prêter à cet usage. Mais il n'a pu prétendre au titre d'instrument de précision qu'à la suite d'études minutieuses poursuivies à Breteuil, qui ont mis en lumière les règles, à peu près ignorées il y a un quart de siècle, qui doivent présider à sa construction et à son emploi.

La substitution du verre dur au cristal, la détermination exacte du calibre par déplacement de colonnes de mercure de diverses longueurs, l'étude de la variation du zéro dont la loi est maintenant connue, par dessus tout, les beaux travaux de M. Chappuis sur la comparaison de l'échelle thermique gravée sur le verre dur avec l'échelle normale représentée par le thermomètre à hydrogène, ont permis d'atteindre, dans l'emploi du thermomètre à mercure, une précision de 0,002 ou 0,003 degré centigrade, entre la congélation du mercure (— 39° environ) et 100°.

En dehors de ces limites, la thermométrie, sans conserver la même précision, a encore accompli de sensibles progrès.

Pour les très basses températures, la substitution du toluène à l'alcool, préconisée par MM. Chappuis et Guillaume, a permis de descendre jusqu'à — 80° avec une précision de 0,1 ou 0,2 degré. De tels thermomètres ont donné de bons résultats, notamment entre les mains de Nansen, au cours de sa grande expédition polaire.

Dans l'échelle des hautes températures, le thermomètre à mercure permet d'atteindre encore les 200° avec une précision de 0,1 degré.

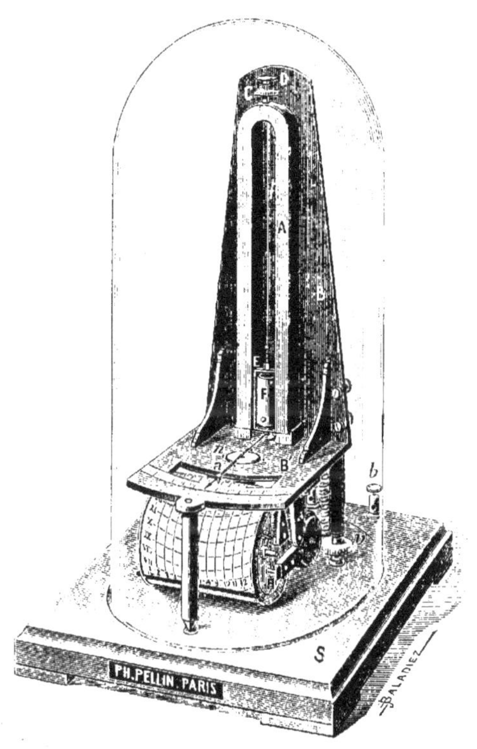

Fig. 14. — Pyromètre Le Chatelier.
(Construit par la maison Pellin, à Paris.)

Pour les températures très élevées, c'est-à-dire atteignant plusieurs centaines de degrés, les simples phénomènes de dilatation deviennent impuissants à prolonger l'échelle thermométrique. On a dû dès lors recourir à d'autres phénomènes. Les instruments servant à les traduire ont reçu le nom de *pyromètres*. M. Le Chatelier

Fig. 15. — Baromètre du Bureau International des Poids et Mesures.

a appliqué à leur construction les propriétés des couples thermo-électriques, et particulièrement du couple platine et platine rhodié. Le savant ingénieur a d'ailleurs imaginé plusieurs types de pyromètres de ce genre, dont l'un (fig. 14) a été rendu enregistreur par M. Pellin, grâce à un ingénieux dispositif purement mécanique. Sur une indication de MM. Callendar et Griffiths, MM. Chappuis et Harker ont utilisé pour la construction d'un pyromètre, dit *thermostat*, les variations de la résistance électrique dans une hélice en platine. M. Daniel Berthelot a, de son côté, fondé une méthode de mesure des hautes températures sur les lois de la variation de l'indice de réfraction de l'air, et M. Féry sur la considération des radiations calorifiques.

Baromètres. — Le *baromètre*, qui ne donne pas lieu aux mêmes difficultés que le thermomètre, a reçu néanmoins, dans ses dispositions de détail, diverses améliorations qui ont permis d'accroître sa précision.

Le baromètre du Pavillon de Breteuil, dû à MM. Marek et Benoit (fig. 15), donne le 0,01 de millimètre.

Pour les observations à faire en cours d'exploration, un premier type de baromètre transportable, imaginé par Gay-Lussac, avait été construit par Bunten. Il a, depuis lors, été remplacé par le type, maintenant classique, auquel est attaché le nom de Fortin.

D'autres baromètres construits, d'après les idées de M. Renou, avec une large cuvette, permettent, grâce à une graduation convenable, d'avoir la pression par la seule observation du ménisque supérieur.

Pour les observations courantes, je rappellerai les immenses services que rendent les *baromètres anéroïdes* du type à lames de melchior gaufrées de Vidie, ou à tube aplati en spirale de Bourdon.

Polarimètres. — Parmi les instruments de mesure que nous offre le champ de la physique, une mention spéciale est due aux *polarimètres*, tant en raison du grand nombre de leurs applications que de leur haute précision.

On peut tout d'abord remarquer que l'étude de la vibration de l'éther, vibration si ténue mais si rapide qu'elle confond l'imagination, a fait naître une des plus belles pages de la philosophie naturelle, sur laquelle resteront gravés les noms français de Fresnel, Arago, Fizeau.

C'est sous l'impulsion de savants français, depuis Arago, Biot et Sénarmont, jusqu'à Cornu, et entre les mains des constructeurs français, depuis Soleil jusqu'à ses successeurs actuels, que la polarisation a donné naissance à l'admirable instrument d'analyse que l'on sait. Fondé en 1815 par Biot sur la simple extinction des nicols, puis en 1846 par Soleil, sur l'observation de la teinte sensible dans une plaque à deux rotations, cet instrument est maintenant pourvu du polariseur à pénombre constitué soit par le prisme coupé de Jelett et Cornu, soit par la lame demi-onde de Laurent, qui a — progrès considérable — permis de faire varier à volonté l'angle des deux plans principaux du polariseur.

Diverses variantes ont d'ailleurs été proposées pour l'aspect du champ de vision, notamment celles des trois plages de M. Jobin et celle des plages circulaires concentriques de M. Pellin.

Pour donner une idée de la précision qui doit être apportée à la construction de ces appareils, il me suffira de dire qu'une erreur de taille de 1 micron sur l'ensemble des quartz peut affecter d'une manière sensible le résultat d'une observation.

En raison de l'importance des intérêts commerciaux et fiscaux régis par les indications de ces appareils, dans le domaine de l'industrie sucrière, les gouvernements eux-mêmes ont été amenés à se préoccuper de leur étalonnage. Le mode universellement adopté pour cet étalonnage repose sur l'emploi des plaques de quartz qui, dès 1897, était proposé par M. Jobin.

Ici encore, la mesure des épaisseurs des quartz de rotation contraire, intervenant dans la série des étalons créés, a été obtenue par la méthode interférentielle de Pérot et Fabry.

Électromètres. — Le développement des applications industrielles de l'électricité a eu pour conséquence nécessaire, de faire naître tout un ensemble de mesures nouvelles auxquelles correspondent des instruments spéciaux aujourd'hui partout répandus.

C'est au Congrès international tenu à Paris en 1881, qu'ont été définies les unités correspondantes. Le premier soin qui s'imposait était de constituer les étalons de ces unités.

Cette détermination n'a pu se faire qu'au prix de travaux de laboratoire, patients et minutieux.

En particulier, l'établissement du prototype de l'*ohm* (unité de résistance) a donné lieu à des travaux considérables entrepris et menés à bonne fin au pavillon de Breteuil, par M. René Benoit, grâce aux instruments spécialement créés par M. Carpentier.

En outre, la comparaison des diverses grandeurs électriques avec les unités appropriées exigeait une foule d'instruments nouveaux, et il n'est que justice de rappeler la part prépondérante qui revient encore à M. Carpentier, dans la constitution de cet outillage indispensable au développement de l'industrie électrique.

Il s'est d'ailleurs en partie inspiré, pour l'exécution de cette tâche, des travaux de divers savants, et notamment de MM. Marcel Deprez et d'Arsonval.

Une des caractéristiques de cet outillage consiste dans le fait qu'un grand nombre des instruments qui le composent sont explicitement gradués au moyen des unités nouvelles.

Sans entrer dans aucun détail à ce sujet, je tiens cependant à citer les *ampèremètres*, les *voltmètres*, les *watt-*

mètres, etc., que l'on peut voir maintenant dans toutes les installations électriques.

Indépendamment de ces appareils, d'un type plutôt industriel, on rencontre dans le domaine des mesures électriques d'autres instruments, d'une extrême délicatesse, qui sont réservés aux recherches de laboratoire.

Dans cet ordre d'idées, je ne saurais passer sous silence le bel exemplaire d'*électrodynamomètre absolu*, qui a été conçu par M. Pellat et qui figure dans les collections de l'École polytechnique.

Appareils enregistreurs. — Il y aurait lieu, pour compléter ce qui a trait aux instruments de mesure, de parler maintenant des appareils qui enregistrent de façon continue les mesures effectuées par divers instruments.

Il n'est d'ailleurs pas indifférent de rappeler ici que l'instrument enregistreur le plus anciennement connu en France, est un *anémomètre* dû au comte d'Onsenbray, qui figure dans les galeries du Conservatoire.

Les variations d'une grandeur physique étant traduites par les déplacements d'un certain point matériel, on conçoit qu'il soit possible, soit, en certains cas, en réduisant ces déplacements, soit, en d'autres cas, beaucoup plus fréquents, en les amplifiant, de faire correspondre à ces déplacements ceux d'un style mobile, le long d'un cylindre animé d'un mouvement de rotation uniforme au moyen d'un mécanisme d'horlogerie intérieur.

On peut ainsi suivre les variations du phénomène avec le temps. Et si une telle constatation est précieuse en bien des cas pour le savant, elle est peut-être plus indispensable encore pour l'industriel qui peut aujourd'hui, grâce à de tels appareils, suivre pour ainsi dire pas à pas toutes les phases de sa fabrication.

Les dispositions de détail des organes propres à constituer un tel mode d'enregistrement, ont fait spécialement l'objet des travaux de M. Jules Richard, qui en a fait pour sa part un très grand nombre d'applications soit à l'étude des machines à vapeur ou électriques, soit à celle des phénomènes météorologiques : *Baromètres, thermomètres, hygromètres, anémomètres, pluviomètres,* etc... Le plus classique de ces instruments est le petit *baromètre anéroïde enregistreur* qui se trouve aujourd'hui entre les mains de tout le monde.

C'est en vue de l'intégration des aires obtenues sur ses cylindres enregistreurs que M. Richard a combiné le *planimètre* cité plus haut.

Pour les phénomènes de courte durée, ou même instantanés, comme pour ceux d'une extrême rapidité, la combinaison de l'inscription de la loi des phénomènes et de la chronographie a été la source d'une foule d'inventions remarquables qui mériteraient, certes, de faire l'objet d'un exposé détaillé et dont je ne puis ici que signaler l'existence en rappelant seulement quelques noms, dont, en ce domaine, l'autorité s'impose : celui de M. Marcel Deprez, auteur de tant de merveilles de mécanique et notamment de ce chronographe électrique qui a permis d'atteindre jusqu'à la précision du 0,00001 de seconde ; celui du général Sébert, qui a étudié, par des procédés d'inscription chronographique, tous les phénomènes qui ont leur siège dans la bouche à feu ; celui, enfin, de M. Marey, qui a su par ce moyen nous révéler tous les secrets de la mécanique humaine ou animale, jusque dans ses manifestations les plus délicates comme les battements d'ailes d'un insecte, et qui a écrit sur le sujet un ouvrage magistral (1) faisant autorité en la matière.

Il est important de rappeler aussi le très grand progrès que, par ses appareils enregistreurs des déformations élastiques, M. l'ingénieur en chef des ponts et chaussées Rabut, a fait réaliser dans l'étude des grands ouvrages métalliques.

(1) *La Méthode graphique dans les sciences expérimentales.* Paris, Masson, 1878.

INSTRUMENTS D'OBSERVATION

Les instruments propres à accroître la puissance de notre vue, principal agent du progrès de nos connaissances, empruntent leur perfection à celle des systèmes optiques, réflecteurs ou réfracteurs, servant à les constituer. Or, la perfection de ceux-ci tient elle-même à une double cause : qualité de la matière dont ils sont faits ; rigueur mathématique dans la taille des surfaces qui les limitent. De là deux sources de progrès importants dans la construction des instruments d'observation.

Verres d'optique. — En ce qui concerne la première, il me suffira de rappeler que la fabrication du verre d'optique, notablement améliorée au commencement du siècle, par Guinand, inventeur du procédé du brassage (qui débarrasse le verre des fils et des stries et le rend parfaitement homogène), a réalisé depuis lors de grands progrès entre les mains de ses successeurs, Feil, Mantois et Parra, ces deux derniers aidés de la collaboration de M. Verneuil, le chimiste bien connu pour ses travaux sur la reproduction artificielle des pierres précieuses.

Telle est aujourd'hui, grâce aux travaux ainsi poursuivis, la connaissance acquise des variations des indices de réfraction et de dispersion d'après celles de la composition chimique que la fabrication peut, à volonté, fournir des verres possédant des indices fixés à l'avance. Il est inutile d'insister sur les avantages d'un tel progrès.

Quant à la taille des verres suivant les formes géométriques requises, elle a, comme on sait, fait un pas considérable le jour où Foucault, inspiré par Bertaud jeune, a inauguré la *méthode des retouches locales* qui, entre les mains de MM. Paul et Prosper Henry, a atteint un si haut degré de perfection, qu'il n'est pas, dans le monde, d'objectifs capables de soutenir la comparaison avec les leurs. On sait aussi que l'on doit à Adolphe Martin des formules et des tables numériques propres à faciliter grandement la préparation des surfaces destinées à recevoir les retouches locales.

La rigueur mathématique requise pour la taille des grands objectifs astronomiques a été également recherchée pour celle des objectifs de plus petite dimension, destinés soit aux jumelles et longues-vues, soit aux appareils photographiques.

L'application des ressources de la mécanique de précision à la taille des lentilles destinées aux jumelles et longues-vues a permis de donner un large essor à la fabrication industrielle de ces instruments, qui évoque chez nous les noms de Lemaire et de Bardou. Les dispositions de détail des jumelles ont fait également l'objet de notables améliorations propres à accroitre leur puissance. Je rappellerai à ce propos l'introduction des prismes due à Porro, et ne saurais me dispenser de citer le nom du capitaine d'artillerie Daubresse, auteur de combinaisons avantageusement appliquées.

L'objectif photographique a notamment fait l'objet d'études approfondies poursuivies séparément par deux savants officiers du Génie, le lieutenant-colonel Moëssard et le commandant Houdaille, dont les méthodes d'essai des objectifs, établies avec tant de conscience et d'ingéniosité, devront dorénavant servir de guide aux constructeurs.

Bien que cela ne rentre pas strictement dans le programme que je me suis tracé, je ne puis me dispenser de rappeler ici les lentilles à échelons de Fresnel, dont les premiers modèles ont été construits par Soleil et qui ont donné lieu à la grande industrie des appareils optiques des phares, très prospère dans notre pays. Dans le même ordre d'idées, il y a lieu de citer les projecteurs du colonel Mangin, adoptés par toutes les marines du monde, qui ont exigé de délicates recherches théoriques et aussi une habileté très grande de la part des constructeurs.

Équatoriaux. — Parmi les instruments d'observation, nous distinguerons d'abord ceux destinés à l'astronomie dont le type le plus accompli est réalisé par les grands *équatoriaux* des observatoires. Le déplacement de ces énormes masses soulève des problèmes de mécanique fort ardus, mais dont on peut dire que l'habileté des constructeurs est parvenue à se jouer. Tel équatorial, comme celui de l'Observatoire de Nice, dont la masse atteint 12 tonnes, n'est-il pas déplacé, pour suivre le mouvement diurne, par un mécanisme dont le poids moteur ne dépasse pas 100 kilogrammes ?

Le seul appareil de Foucault serait d'ailleurs insuffisant pour régulariser l'entraînement de l'équatorial. La solution du problème a été très heureusement obtenue par M. Gautier à l'aide d'un mouvement différentiel réglé par le pendule et grâce auquel l'appareil de Foucault est, en quelque sorte, réduit au seul rôle d'entraîneur.

Quoi qu'il en soit de ces perfectionnements, en vue d'accroître la facilité et la précision des observations, M. Lœwy, le savant directeur de l'Observatoire de Paris, a imaginé les dispositions de l'*équatorial coudé* qui, grâce à deux réflexions successives aux extrémités de la branche mobile de la lunette, dont l'axe décrit l'équateur, renvoie à l'extrémité de la branche fixe, dirigée suivant l'axe du monde, l'image des astres que l'observateur peut recueillir, assis devant l'oculaire comme à une table de travail.

Sidérostat. — Non moins originale est la construction, due à M. Gautier, du gigantesque *sidérostat* (grossissant 6000 fois environ) qui figurait à l'Exposition de 1900.

Ce sidérostat (fig. 16) se compose d'un pied en fonte pesant 45 tonnes et d'une partie mobile, de 18 tonnes, comprenant les axes horaire et de déclinaison et le miroir, de 2 mètres de diamètre. Telle est la perfection du mécanisme destiné à mettre en mouvement cette énorme masse qu'il y suffit d'un poids de 5 kilogrammes, agissant sur

Fig. 16. — Sidérostat de l'Exposition de 1900.

Construit par la maison Gautier, à Paris

un bras de levier de 1 mètre. Quant au poids moteur du mécanisme d'horlogerie, il n'est que de 60 kilogrammes.

Le sidérostat est d'ailleurs complété par une lunette horizontale de $1^m,50$ de diamètre et 57 mètres de long, munie de deux objectifs interchangeables, l'un pour les observations directes, l'autre pour la photographie, pesant chacun 900 kilogrammes.

Il est très remarquable que la surface du miroir de 2 mètres a été obtenue par des procédés entièrement mécaniques guidés par des procédés optiques permettant l'étude du miroir pendant le polissage même.

Nous allons d'ailleurs voir tout à l'heure que, grâce à une innovation récente qui est en train de révolutionner l'antique astronomie de position, ces grands instruments d'observation sont devenus à leur tour de puissants instruments de mesure, destinés peut-être, dans un avenir prochain, à supplanter tous les autres.

Microscopes. — A l'opposite de ces géants des observatoires, nous trouvons l'instrument qui nous permet de fouiller dans le domaine de l'extrême petitesse, celui que le philosophe et naturaliste anglais Carpenter a baptisé le « grand révélateur » : le *microscope* (fig. 17), dont les progrès évoquent chez nous, parmi les disparus, les noms de Charles Chevalier, de Prazmowski, de Nachet...

Alors que les instruments astronomiques réclament des objectifs d'aussi grand diamètre que possible (qui ont maintenant dépassé le mètre), le microscope comporte, pour son objectif, une lentille hémisphérique dont le diamètre reste voisin du millimètre. Pour être d'un autre ordre, la difficulté de la taille d'une telle lentille n'en est pas moins très grande.

Le principe des compensations a d'ailleurs été appliqué à la construction de ces objectifs que nous voyons actuellement composés de séries de quatre, cinq lentilles, et même davantage, dont les diamètres croissent de 1 millimètre, comme je viens de le dire, à 6 ou 8 millimètres.

Ces lentilles doivent d'ailleurs, bien entendu, être exactement centrées les unes sur les autres, ce qui n'offre pas non plus une mince difficulté.

Fig. 17. — Microscope de précision.
(Construit par la maison Nachet, à Paris.)

On atteint ainsi maintenant des grossissements de 1000 et même de 2000 fois ; mais c'est moins l'accroissement du grossissement au delà de telles limites, déjà suffisamment respectables, que l'amélioration de la netteté des images, plus exempts, en outre, d'aberrations chromatiques et sphériques, qu'on s'est efforcé d'obtenir, à quoi on a réussi, grâce à des calculs rigoureux fondés sur des formules mathématiques.

L'observation au microscope a dû un de ses progrès les plus notables à l'emploi aujourd'hui général de l'*immersion homogène*, imaginée vers 1850 par Amici, et qui consiste dans l'interposition, entre l'objet examiné et la lentille finale de l'objectif, d'une goutte d'un liquide de même indice de réfraction que le verre de cette lentille, qui permet d'obtenir des images plus parfaites en faisant concourir à leur formation un plus grand nombre de rayons émanant de l'objet.

La partie mécanique des microscopes a nécessairement gagné en précision au fur et à mesure que la partie optique gagnait en netteté et en puissance.

Sans parler des organes de mise au point, d'une douceur extrême, la platine sur laquelle se pose la préparation à examiner a été rendue mobile et munie de deux divisions perpendiculaires, à vernier, permettant le facile repérage des points intéressants d'une préparation.

Telle est la sensibilité des déplacements de cette platine qu'ils sont appréciables à moins d'un micron près.

La vision est aussi rendue plus nette par l'emploi d'un éclairage condensateur à grand angle d'ouverture, qui, placé sous la platine, concentre sur l'objet le faisceau lumineux venant du miroir.

Enfin certaines études nouvelles auxquelles on a appliqué le microscope ont exigé des dispositions spéciales : platines tournantes pour les observations en lumière polarisée ; tubes coudés pour les observations par en-dessous ; prismes à réflexion totale pour l'éclairage par l'objectif même des échantillons opaques ; prismes stéréoscopiques propres à faire apparaître le relief des objets examinés, etc.

C'est qu'aussi le champ auquel s'applique l'emploi du microscope s'est, avec les progrès de la science, considérablement accru. Réservé d'abord aux seuls examens du naturaliste cherchant à fouiller la structure des petits organismes animaux ou végétaux, il est devenu entre les mains de Pasteur un auxiliaire puissant de la médecine et de l'hygiène, à qui il fournit les données précises de la bactériologie et aussi de la technique industrielle (sélection des grains de vers à soie, fabrication des vinaigres, de la bière, etc.).

Par l'examen, en lumière polarisée, des minéraux taillés en lames minces, il est devenu avec Mallard, des Cloizeaux, MM. Fouqué et Michel Lévy, un des moyens d'investigation les plus puissants du minéralogiste.

Enfin les belles recherches de MM. Osmond, Le Chatelier, Charpy, ont fait apparaître tout le parti qu'en pouvait tirer le métallurgiste au point de vue de l'analyse des échantillons.

Spectroscopes. — Il convient encore, dans le domaine de l'optique, de distinguer le *spectroscope* qui, depuis les travaux classiques de Kirchhoff et de Bunsen, continués depuis lors par toute une pléiade de savants, est devenu un des instruments d'analyse les plus parfaits et les plus puissants puisqu'il a provoqué, comme on sait, la découverte de corps nouveaux avant même que les méthodes chimiques aient permis de les isoler : telle la découverte du *césium* et du *rubidium* par les deux grands physiciens allemands qui viennent d'être nommés, celle du *thallium* par M. Crookes, du *gallium* par M. Lecoq de Boisbaudran, de l'*hélium* par M. Ramsay, du *radium* par M. et Mme Curie.

Ce genre d'instrument a été particulièrement bien traité en France. Il me suffira de rappeler les ingénieuses et savantes dispositions dues à M. Thollon et, tout récemment encore, à MM. Broca et Pellin.

La perfection de la taille des prismes dont j'ai parlé tout à l'heure a, comme de raison, accru la puissance du spectroscope qui, adapté à la lunette astronomique ou au télescope, est devenu, notamment en France entre les mains de M. Janssen et de M. Deslandres, l'outil par excellence des recherches astro-physiques.

Instruments photographiques. — Un facteur nouveau. de la plus haute importance, introduit dans les observations modernes, tient à la fixation même de ces observations par la *photographie*. Et c'est sans doute là, en cet ordre d'idées, la révolution la plus profonde qui aura marqué notre époque.

Longtemps considéré surtout pour son agrément, l'art inauguré par Niepce et Daguerre est devenu peu à peu le fondement d'une méthode scientifique nouvelle dont les applications ne se comptent plus et qu'une conférence spéciale suffirait à peine à passer en revue.

Avant d'en dire un mot, je dois vous faire observer que la photographie, même considérée simplement au point de vue de l'exécution du portrait ou du paysage, est devenue véritablement aujourd'hui un art de précision.

J'ai déjà dit un mot des soins apportés de nos jours à l'objectif photographique. J'ajouterai que l'étude dont il a été l'objet a permis de faire varier en quelque sorte ses qualités d'après l'usage auquel on veut l'appliquer. C'est ainsi, par exemple, qu'ont pu être constitués ces téléobjectifs qui permettent d'obtenir une si extraordinaire finesse sur les clichés de vues prises à plusieurs kilomètres de distance, qu'il s'y révèle des détails que l'œil serait impuissant à discerner directement.

Les appareils eux-mêmes sont devenus l'objet d'une construction rigoureuse qui les fait entrer dans les catégories des instruments de précision. La mise au point automatique définitivement introduite dans la pratique par M. Carpentier le jour où il en a trouvé une solution vraiment simple, exige la détermination mathématique des constantes de l'instrument, que sa construction doit réaliser avec une parfaite rigueur. L'obturateur automatique exige une précision non moins grande pour assurer, quelles que soient les variations atmosphériques, les vitesses requises.

Mais nous avons ici à envisager surtout les applications scientifiques de la photographie ; or, ainsi que je l'ai déjà dit, ce domaine est immense. Il s'étend depuis la fixation de l'image des corps célestes jusqu'à celle des micro-organismes, et l'on peut dire d'une manière générale qu'il n'est point d'instrument d'observation, depuis les grands équatoriaux jusqu'au miscroscope, qui, par adjonction de la chambre noire (réalisée sous des formes diverses, sur le détail desquelles je ne puis entrer ici), ne soit devenu un instrument photographique.

Cette transformation a même permis, dans nombre de cas, d'accroitre singulièrement la puissance des instruments auxquels on l'appliquait. C'est ainsi, par exemple, que le spectroscope complété par la plaque sensible a pu nous donner l'enregistrement de certaines radiations que notre œil eût été impuissant à saisir.

Dans le domaine de l'Astronomie, la photographie commençait dès 1864 à rendre de signalés services par le *photohéliographe* du colonel Laussedat, qui, construit pour l'observation d'une éclipse à Batna, a été employé depuis lors, en 1874 et en 1882, aux observations des passages de Vénus.

Elle a permis d'entreprendre cette œuvre gigantesque qui a nom la *carte céleste*. Les équatoriaux photographiques de MM. Henry, frères, fournissent sur des clichés carrés de 2 degrés de côté, portant des réseaux à mailles de 5′, d'une perfection inouïe, toutes les étoiles jusqu'à la 13ᵉ grandeur. Les mesures différentielles relevées sur ces clichés, au moyen de micromètres spéciaux, fournissent les coordonnées relatives des astres rapportés à certains repères avec une précision que ne sauraient atteindre les mesures directes. Pour la détermination des coordonnées absolues des astres servant de repères, M. Lippmann vient, par l'invention d'un ingénieux *collimateur coudé*, dont les détails mécaniques ont été étudiés par M. Gautier, de donner le moyen de rendre à leur tour les instruments méridiens photographiques, ce qui aura pour effet, lorsque cette méthode nouvelle aura été suffisamment expérimentée, de faire de la plaque sensible un instrument de mesure astronomique universel.

C'est encore l'adjonction de la chambre noire à l'équatorial coudé dont je vous ai dit un mot tout à l'heure qui a permis à MM. Lœwy et Puiseux d'obtenir ces magnifiques photographies de la lune que tout le monde connait aujourd'hui, ne fût-ce que par les épreuves qui ont figuré à l'Exposition de 1900, et qui sont un titre de gloire pour notre Observatoire. Notons en passant qu'en vue de l'obtention de ces belles épreuves, l'oculaire de l'équatorial a dû être complété par une pièce mobile dont le mouvement a été rigoureusement réglé pour tenir compte du déplacement relatif de la Lune par rapport aux étoiles.

Dans le domaine de la Topométrie, la photographie n'a pas été d'un moindre secours, grâce surtout au savant colonel Laussedat, créateur de cette application spéciale, aujourd'hui connue sous le nom de *métrophotographie*, en vue de laquelle il a combiné les dispositions d'un instrument nouveau, le *photothéodolite*, dont un type un peu différent a été, sous le nom de *phototachéomètre* (fig. 18), appliqué par M. Vallot à ses intéressants levers du massif du Mont Blanc.

Dans une conférence récente, le colonel Laussedat a apporté des preuves surabondantes de l'efficacité de sa méthode métrophotographique.

Il a, par la même occasion, fait une esquisse des applications auxquelles, dans le domaine de la mesure et de l'observation, est susceptible de se prêter la *stéréoscopie*. Je ne cite ici que pour mémoire cet art nouveau, qui n'en est encore qu'à sa naissance, mais qui, après ce que nous en a révélé l'intéressant exposé du colonel Laussedat, peut être tenu pour plein de promesses.

Mais, quelle que soit l'importance des applications déjà passées en revue, elles sont sans doute moins propres à surprendre notre imagination que celle qui a eu pour objet l'analyse des mouvements par la plaque sensible.

Les images immuables qu'elle nous donne d'une suite d'états instantanés se prêtent à toutes les constatations et,

Fig 18 — Phototachéomètre.
(Construit par la maison Brosset, à Paris.)

au besoin, à toutes les mesures. De là, la *chronophoto-graphie*, fondée notamment par les beaux travaux du professeur Marey dont la fertile imagination a su multiplier les types d'instruments spéciaux en vue des problèmes, d'une extrême diversité, que soulève une telle étude.

Je ne saurais d'ailleurs me dispenser de rappeler l'intéressant complément ajouté à la chronophotographie par l'invention, à laquelle s'attache surtout le nom de M. Lumière, du *cinématographe* qui, en faisant repasser, avec une rapidité suffisante, devant notre rétine la suite des épreuves instantanées précédemment obtenues, a permis, grâce à la persistance rétinienne, de nous redonner l'illusion du mouvement, comme le stéréoscope nous avait restitué celle du relief.

INSTRUMENTS DE CALCUL

Le besoin de précision de notre époque a rendu beaucoup plus générale la nécessité de recourir au calcul numérique, et, d'autre part, le temps consacré au calcul pourrait être mieux employé, et surtout de façon moins fastidieuse.

« Combien d'observations précieuses, a écrit le général Menabrea, restent inutiles au progrès des sciences parce qu'il n'y a pas de forces suffisantes pour en calculer les résultats ! Que de découragement la perspective d'un long et aride calcul ne jette-t-elle pas dans l'âme de l'homme de génie qui ne demande que du temps pour méditer et qui se le voit ravi par le matériel des opérations ! »

Or, grâce aux progrès aujourd'hui accomplis, le résultat de tout calcul peut, par divers moyens, être obtenu presque instantanément, sans aucune chance d'erreur.

Tables et nomogrammes. — Ces moyens résident dans l'emploi des *tables numériques*, des *abaques* ou *nomogrammes* et des *machines à calculer*.

Les *tables numériques*, très nombreuses aujourd'hui et s'appliquant à des calculs très divers, ne sont citées ici que pour mémoire.

Les *nomogrammes* comprennent tous les modes de représentation graphique fondés sur diverses combinaisons de systèmes de lignes ou de points cotés (1), figurés

(1) Dans le *Traité de Nomographie*, publié en 1899, chez Gauthier-Villars, où l'auteur de cette conférence a donné une théorie mathématique

sur un même plan ou sur plusieurs plans mobiles les uns par rapport aux autres.

Règles à calcul. — Ces instruments de calcul, d'une application à peu près universelle, sortiraient du cadre de cette conférence. Il en est pourtant une catégorie, très spéciale il est vrai, qui trouve sa place ici : c'est celle des *règles à calcul* introduites en France en 1821 par l'ingénieur géographe Jomard. Construites depuis lors par Lenoir, puis par ses successeurs, elles sont devenues d'un usage tout à fait courant.

Les règles à calcul ne s'appliquent en général qu'à des opérations portant sur des nombres de 3 chiffres significatifs. M. Lallemand en a fait pourtant construire une donnant les quatre chiffres pour le service du cadastre. Une autre, exposée par M. Beghin en 1900, fournit le même résultat sous une forme un peu différente.

En employant, au lieu d'une règle à glissière, un cylindre creux percé de fenêtres et glissant sur un manchon intérieur, on a pu atteindre les cinq chiffres. Tels sont les rouleaux Billeter ou Thacker.

Machines à calculer

Mais ce que nous devons surtout avoir en vue ici, ce sont les *machines à calculer* (1) proprement dites.

Additionneurs. — La première en date est l'*addition-*

complète de ces instruments de calcul, il leur avait étendu la dénomination d'*abaque* appliquée d'abord aux simples tableaux graphiques à quadrillage, dont l'aspect rappelle celui d'un damier (ἄβαξ). Il a, depuis lors, jugé préférable de les comprendre sous la dénomination beaucoup plus générale de *nomogramme*, proposée par M. Schilling précisément à la suite de la publication du Traité susnommé. Voir le Mémoire de l'auteur, intitulé : *Exposé synthétique des principes fondamentaux de la Nomographie*, extrait du 8ᵉ cahier du JOURNAL DE L'ÉCOLE POLYTECHNIQUE.

(1) On trouvera beaucoup plus de détails sur ces machines dans notre opuscule : *Le Calcul simplifié par les procédés mécaniques et graphiques*, dont une seconde édition est en préparation chez Gauthier-Villars.

neur inventé en 1642 par Blaise Pascal, alors âgé de dix-huit ans, et dont les galeries du Conservatoire possèdent le modèle primitif. La simple inscription des chiffres composant les nombres à additionner, au moyen des roues visibles sur la platine de l'instrument, suffit à faire apparaître les chiffres du total aux lucarnes ménagées dans cette platine. Admirable dans ses dispositions de détail, pour l'époque à laquelle elle a été conçue, cette machine offre cet intérêt d'avoir, pour la première fois, établi la possibilité de substituer l'action d'organes mécaniques au travail cérébral pour l'exécution des calculs arithmétiques.

Bien d'autres types d'additionneurs ont été proposés depuis lors, et notamment celui du Dr Roth que possède aussi le Conservatoire, pour arriver aux machines américaines modernes, connues sous le nom de *comptomètres*, qui se manœuvrent au moyen de touches, comme les machines à écrire, et donnent, imprimés en colonne, les nombres soumis à l'addition, ainsi que le total.

Arithmomètres. — Le premier essai tenté pour effectuer mécaniquement la *multiplication* remonte à 1673 et est dû à Leibniz, dont la machine, fort ingénieuse dans ses dispositions théoriques, n'a jamais pu, à l'encontre de celle de Pascal, fonctionner de façon satisfaisante et est restée à l'état de simple curiosité scientifique.

C'est au financier français Thomas, de Colmar, qu'appartient le grand mérite d'avoir pour la première fois, en 1820, réalisé sous le nom d'*Arithmomètre* (fig. 19), une machine à multiplier susceptible d'un fonctionnement normal. Cette machine, où se rencontrent de petites merveilles d'ingéniosité mécanique dues soit à Thomas lui-même, soit au constructeur Payen, mort aujourd'hui, est restée le type classique de la machine de construction robuste, propre à effectuer les quatre opérations fondamentales de l'arithmétique, et plus particulièrement la multiplication. On a d'ailleurs remarqué que la propriété qu'ont les carrés des nombres entiers de pouvoir être

obtenus comme sommes des nombres impairs consécutifs,
à partir de l'unité, permettait d'appliquer également cette
machine à l'extraction des racines carrées.

Un inventeur russe nommé Odhner a établi une machine
analogue qui diffère surtout de la précédente par la substitution, comme organe essentiel, aux cylindres à neuf

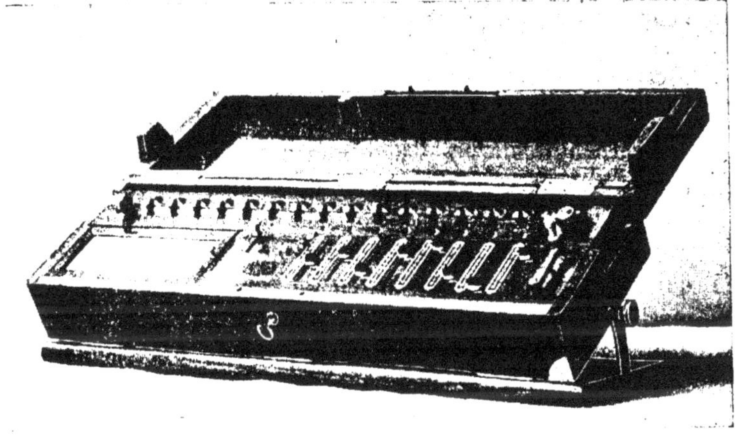

Fig. 19. — Arithmomètre Thomas.
(Construit par la maison Payen, à Paris.)

dents d'inégale longueur, de roues sur la tranche desquelles
on peut faire saillir un nombre de dents variable de un à
neuf.

Le brevet Odhner étant tombé dans le domaine public,
cette machine est maintenant construite en plusieurs
endroits sous des noms divers. En particulier, MM. Château, qui en ont établi une variété sous le nom de *Dactyle*
(fig. 20), l'ont munie de divers dispositifs de détail de leur
invention, qui sont très heureusement imaginés, l'un,
entre autres, pour équilibrer rigoureusement l'inertie des
pièces en mouvement et empêcher ainsi la machine de
franchir, par vitesse acquise, la position dans laquelle elle
doit s'arrêter.

Dans ces diverses machines, le multiplicande étant inscrit au moyen d'index mobiles sur une partie fixe de la machine, il faut pour chaque ordre décimal donner autant de tours de manivelle qu'il y a d'unités dans le chiffre correspondant du multiplicateur. En vue de réduire à un le nombre de tours de manivelle pour chaque ordre décimal, M. Léon Bollée, dont tout le monde connaît les inventions touchant l'automobilisme, avait, alors seule-

Fig. 20. — Dactyle.
(Construite par la maison Chateau, à Paris.)

ment âgé de dix-huit ans (l'âge de Pascal quand il conçut son additionneur), imaginé une très belle machine, aussi existante au Conservatoire, que son prix élevé a malheureusement empêché de se répandre.

Un inventeur du nom de Maurel avait précédemment construit un arithmomètre (qu'il avait baptisé du nom d'*arithmaurel* et dont l'exemplaire unique, je crois, appartient au Conservatoire) d'une bien plus grande rapidité encore, puisque la simple inscription du multiplicande et du multiplicateur sur deux parties distinctes de la machine suffisait à faire apparaître le produit. Mais ce résultat, théoriquement très remarquable, n'était obtenu qu'à l'aide d'un mécanisme d'une telle délicatesse que la machine n'a, pour ainsi dire, pas pu fonctionner sans se détraquer.

Tout différent est le principe sur lequel est fondée la machine très intéressante que s'est plu à inventer l'illustre mathématicien russe Tchébichef, et dont il a donné à notre Conservatoire le seul exemplaire qu'il en ait jamais fait construire (fig. 21).

Avec cette machine, une fois faite l'inscription du multiplicande et du multiplicateur, il n'y a qu'à tourner la manivelle jusqu'à ce que la machine s'arrête d'elle-même. À ce moment le résultat se lit sur la partie cylindrique qui prolonge le mécanisme de la multiplication et qui, dégagée de ce mécanisme, peut très commodément être employée comme additionneur.

Machines analytiques. — Je dois mentionner ici que le savant anglais Babbage a conçu une machine dite *analytique* propre à effectuer sur des nombres inscrits au moyen de rondelles chiffrées empilées en colonnes, une opération arithmétique quelconque. L'élément, variable avec l'opération, consiste en une plaque mince ajourée, du genre de celles qui interviennent dans les métiers de Jacquart. Dans la machine projetée, le résultat devait être donné tout imprimé avec l'exacte indication de l'opération effectuée. Mais, après avoir fait exécuter toutes les pièces nécessaires, jusqu'aux moindres vis, l'auteur mourut sans avoir même pu entamer le montage de sa machine. Recueillies au South Kensington Museum de Londres, ces milliers de petites pièces attendent encore, éparses sous une vitrine, qu'un mécanicien sagace s'aidant de la description laissée par Babbage achève l'œuvre interrompue du savant anglais.

Une machine analogue, inventée par deux Suédois, MM. Scheutz père et fils, permet de calculer les tables

Fig. 21. — Machine Tchébichef.

des fonctions au moyen de leurs différences quatrièmes.
Elle a figuré à l'Exposition de 1855. Offerte par la générosité d'un riche Américain à l'Observatoire Dudley,
d'Albany, aux États-Unis, elle y a été utilisée pour le
calcul de tables de logarithmes.

M. Léon Bollée, qu'on peut croire sur parole lorsqu'il
annonce une invention mécanique nouvelle, a projeté
aussi une machine de ce genre mais opérant sur les différences vingt-septièmes, au lieu de quatrièmes. Ses autres
travaux ne lui ont malheureusement pas permis jusqu'ici
de réaliser son projet.

Machines algébriques. — Toutes les machines précédentes ont pour objet le calcul de nombres explicitement

Fig. 22. — Machine Torres.
(Construite par la maison Château, à Paris.)

formés au moyen de certaines opérations arithmétiques.
Est-il possible de déterminer mécaniquement des nombres
qui soient implicitement reliés à d'autres par des expressions analytiques ? Est-il possible, en d'autres termes, de
résoudre mécaniquement des équations ? M. Leonardo

Torres, de l'Académie des Sciences de Madrid, a tranché
la question par l'affirmative. Et non seulement il a, dans
un savant Mémoire approuvé par l'Institut et inséré dans
le *Recueil des savants étrangers*, donné tous les principes
qui établissent la possibilité de la résolution mécanique
complète d'une équation algébrique, et même d'un système
quelconque d'équations, mais il a encore, pour la réalisation matérielle de sa conception, imaginé une foule de
dispositifs mécaniques d'une remarquable originalité. Il
va sans dire que, dans des cas un peu généraux, la construction d'une telle machine algébrique ne laisserait pas
d'être assez dispendieuse. Néanmoins M. Torres a fait
construire à Paris un modèle de sa machine (fig. 22)
pouvant s'appliquer à des équations trinomes des six premiers degrés.

A la vue des merveilles de science, d'ingéniosité et
d'habileté, sur lesquelles je me suis efforcé d'attirer votre
attention, on ne peut que répéter cette belle parole de
Bossuet, que j'ai déjà eu occasion de faire entendre dans
cette enceinte :

« Après six mille ans d'observations, l'esprit humain
n'est pas épuisé ; il cherche et il trouve encore, afin qu'il
connaisse qu'il peut trouver jusques à l'infini, et que la
seule paresse peut mettre des bornes à ses connaissances
et à ses inventions. »

Imprimerie POLLEUNIS & CEUTERICK, 52, rue des Orphelins, Louvain

Même maison à Bruxelles, 37, rue des Ursulines.